POWER

Why Some People Have It and Others Don't

權力

史丹佛大師的經典課

傑夫瑞·菲佛 Jeffrey Pfeffer——著 林錦慧——譯

目錄

第二部 權力路線圖

第三部
權力保衛戰

前言　權力是「爭」來的，不是「等」來的

要躋身權力高位，幾乎沒有辦不到的，就算身處於極為不可能的環境，只要具備該有的才能，還是能夠做得到。以一個實際的案例為例，我們姑且稱呼她為安妮。出身商學院研究所的安妮，一心想在高科技新創公司擔任領導人，不過她沒有科技背景，她是個會計師，也沒有科技方面的學歷，更沒在高科技產業工作過。不僅如此，在她念商學院研究所之前，她一直在國外一個小國家的重要公家機構擔任資深會計。現在她在加州矽谷全心追尋自己的志向。儘管如此，安妮還是有辦法憑藉一些聰明的權力操作來達成目標。

成功從「準備」開始。正當大部分同學都選修商學院開的創業課程，安妮卻選擇工學院

開設的創業課程。這個決定，改變了她的權力動能和談判籌碼。在商學院那堂課上，工學院與商學院的學生比例大約是一比三，而工學院的那堂課上，比例大約是四比一，根據安妮的解釋，這是因為商學院學生不願意大老遠跑到工學院大樓。安妮不僅希望藉此增加自己未來的談判籌碼，也想選修比較靠近實驗室的課程，因為新科技都是在實驗室孕育而成，這樣比較有可能碰上一些有趣的機會。另外一個原因是，在這裡必須提出營運計畫書給教授和創投業者看，來斷定有沒有資格拿到MBA，因此安妮在環境上占有了優勢。

在訪談許多企劃團隊之後，安妮加入其中一個，該團隊在開發一種軟體產品，不需投資巨額添購新硬體就能強化現有的軟體功能。這項技術當然不是她開發的，儘管有部分工學院背景的夥伴對她的科技能耐感到鄙夷，不過她還是加入了。

找到棲身之處後，安妮開始非常有耐心地讓其他成員見識她的價值。這支團隊（她是唯一的女性）一開始鎖定的市場比較小，而且已經有三個強勢的競爭者。安妮拿出數據，告訴他們鎖定這個市場並非明智之舉，不過她還是照著團隊的意思，課堂報告仍然以這個市場為主軸。這份報告被創投業者批評得體無完膚，於是，這些工程師們開始思考安妮或許真的有幾把刷子。課程結束後，這支團隊繼續耕耘這個點子，也獲得一家創投公司的小筆資金，得以在暑假繼續運作。安妮是團隊裡文筆最好的人，自然是整個籌資推銷過程的主導者。

畢業後，安妮獲得一家知名顧問公司的工作，她把這項消息告訴團隊其他人，等於讓他們知道，她有高薪工作等著她，好讓工程師們更看得起她，並且讓他們知道，若她揚言要離開絕對不是嘴巴上說說而已。另外，她還刻意讓工程師們嘗試做一些她擅長的事，像是做簡報、財務預估等，讓他們知道這些工作可不是他們想像的那麼簡單。安妮運用自己在會計和商業方面的專業知識，仔細研究成立新公司的法規條文以及籌資條件，同時蒐集大量外部資料，比其他工程師更善於社交，在他們團隊想打入的產業裡建立起堅實的人脈，而就是這些人脈，讓他們獲得金援，得以在暑假過後第一筆種子資金用罄後能繼續運作。

安妮不只有商業能力，她也懂得政治權術，而且很強悍。課程結束後，團隊要成立公司，此時有另一個人打算競爭執行長之位。安妮告訴夥伴，如果那位仁兄當上執行長，她就不加入新公司。為了證明自己是玩真的，也為了取得更多籌碼，她要夥伴們認識一下其他有可能取代她的MBA人選。安妮已經花了很多時間跟著團隊一起工作、一起吃過無數披薩和墨西哥菜，團隊成員跟她相處起來當然比較自在。最後，她成為共同執行長，成功向一支避險基金（hedge funds）募到資金。雖然他們的公司或產品不見得一定會成功，不過安妮已經達成自己的目標，從商學院研究所畢業不到一年，克服一開始的重大阻礙以及學經歷背景的缺陷，如願當上一家有前途的高科技新創公司的領導人。

你或許跟安妮恰恰相反，雖然具備很多工作相關的才能，擅長人際交往，卻擔任沒什麼權力可言的小職位，只因為你不願意或不會玩權力遊戲。

貝絲二十年前從非常知名的大學畢業，研究所念的也是響叮噹的商學院，我認識她的時候，她剛離開一個非營利機構，原因是來了一位新的執行長。這位新上司是該機構好幾位董事的朋友，曾經跟貝絲共事過，他把貝絲的能力視為一大威脅，願意付她一筆優渥的遣散費，只求她走人。

貝絲從商學院研究所畢業之後的職場生涯並非一路順暢，中間有好幾段失業時期，也有幾段成就感很大的工作經驗，即使她曾任職政府高層單位（國會山莊和白宮），不過她至今仍未曾擔任過穩定的領導職。她向我解釋，問題出在她不願意玩「政治」，即使像安妮一樣只為了一個目標而玩點政治也不願意。貝絲告訴我說：「外面的世界很險惡，每個人都想搶別人的功勞。大家都只為自己的前途著想，不惜以自己所服務的單位為代價。獲得回報的人，都是些一味要讓自己往上爬的人。沒有人告訴過我，我的同事每天進辦公室時，一心只想著要保護自己的地盤然後再擴大地盤。我想，我還不願意做個壞心眼的人或工於心計、犧牲自己的信仰，只為了追求世俗所認定的成功。」

全面性的實地研究已經證實，以上兩則迥異的故事（以及一般常識和日常經驗）能告訴我們：政治精明與追逐權力會攸關事業成就，也攸關管理績效。舉例來說，有項研究調查了「經理人的主要動機和事業成就」。其中一組人的主要動機是需要有**歸屬感：他們在乎的是自己的人緣，而不是把事情完成**。第二組人的主要動機是需要有**成就感：他們要完成自己的目標**。第三組人則是對權力有興趣。證據顯示，第三組人最有效能，不僅是在「攀上高位」方面，在完成工作方面也最有效能。還有一個例子，佛羅里達州立大學的傑拉德．菲瑞斯教授（Gerald Ferris）和同事擬出十八項政治技能清單，然後調查美國中西部三十五位學校行政人員，以及一家全國金融服務公司中四百七十四位分區經理，結果顯示，具備政治技能的人工作表現評比較高，也被評比為較有效能的領導者。

所以，歡迎來到真實世界，這世界不見得是我們樂見的，不過卻是真實存在的。**這個世界也許險惡，但建立權力、使用權力是在組織中生存的有用技能**。在地位與職位的競逐上，大多是你死我活的「零和競爭」。大部分組織只有一位執行長，而專業的服務公司（例如律師事務所、會計師事物所、顧問公司等），只有一位執行合夥人（managing partner），每所學校的校長也只有一位；一次只能有一位首相或總統——你懂我的意思的。組織內各個位階的職位有越多符合資格的人競爭，敵對態勢就越白熱化，而且競爭只會越來越激烈，因為管理職越高層越少。**有些競逐者會扭曲公平競爭的遊戲規則，或完全漠視。千萬不要對此抱怨，或希望世界不會有這種情形。你只要了解權力的原則，也願意運用，不管是哪一種組織，或大或小、公營或民營，你都有辦法與人一較高下，甚至獲得最後勝利**。你的任務是知道如何在這場政治角力中獲勝，而我的任務則是告訴你如何做。

為什麼你需要擁有權力

取得權力並牢牢掌握權力是一件難事，必須思慮縝密、有策略思考、百折不撓、有警覺心，必要時還得願意打一場仗。上面貝絲的故事告訴我們，這個世界有時並非公平之地；安妮雖然如願得到她要的職位，但是她得費盡心思，展現耐心和堅韌才能得到，也就是得先搞定原本並不特別看重她能力的人。那麼，何不乾脆避開權力，頭低下來，聽任命運的安排呢？

首先，有權力可以活得更久、更健康。公共衛生界國際權威麥可・馬默特教授（Michael Marmot）研究英國公務員罹患心臟病的死亡率，發現一個有趣的事實：越低階的公務員，死亡風險越高（年紀因素已考慮進去）。當然，除了位階高低之外，還有其他因素也跟死亡相關，包括抽菸、飲食習慣等。不過，馬默特教授和同事發現，只有大約四分之一的死亡可歸因於抽菸、膽固醇、肥胖、運動量，**權力和身分地位才是關鍵因素，這兩樣東西讓人們可以掌控自己的工作環境**。不斷有研究證明，從一個人對工作的掌控權大小（例如決策權以及是否有權力決定運用自己的能力等），可以預知他未來五年或更久、罹患冠狀動脈疾病的機率與死亡風險。事實上，工作掌控權和身分地位對心臟病死亡的影響，大於肥胖和血壓等生理因素。

這些發現應該不至於令你太過驚訝才對。**無法掌控自己周遭的環境，會讓人產生無力感和壓力，而感覺受到壓迫或「非自己能掌控」，對健康有害**。所以，沒權力、沒地位確實會危害健康；相反地，有權力、有掌控權則會延年益壽。

其次，權力以及伴隨權力而來的能見度與地位，可以創造財富。柯林頓夫婦（William Jefferson Clinton，第四十二任美國總統）二〇〇一年離開白宮的時候沒什麼錢，還得面對數百萬美元的訴訟費用，他們擁有的是名氣，以及長期位高權重所累積的廣大人脈。接下來八年，這對夫婦賺了一億九百萬美元，主要來自演講和出書，還有過去的職位讓他們獲得的投資機會。朱利安尼（Rudy Giuliani）卸下紐約市市長職務之後，擔任一家安全顧問公司的合夥人，那份薪水再加上演講費，讓他的經濟情況立刻變得更優渥。並不是所有權力都會轉化為金錢，金恩博士（Martin Luther King Jr.，美國民權運動領袖，一九六四年諾貝爾和平獎得主）和甘地（Mahatma Gandhi，印度民族主義運動領袖，帶領印度獨立）就沒有利用自己的名望來致富；不過這一好處的可能性永遠存在。

第三，權力是領導統御的一部分，也是完成事情必備的條件——不論是改革美國健保制度，或是把組織改造成更人性化的工作場所，或是影響社會政策和人類福祉，都非得要有權力不可。已故的約翰．加德納（John Gardner）是共同使命組織（Common Cause）的創辦人，曾經在美國詹森總統（Lyndon Baines Johnson）任內擔任健康教育福利部長，他說過：「**權力是領導的一部分。**」因此，領導者滿腦子想的都是權力。

雖然並非人人都想要有權力，但追求者眾多，因為權力可以讓人完成目標，或者權力本身也是一種目標。社會心理學家大衛．麥可利蘭（David McClelland）研究過人們對權力的需要。雖然追逐權力的動機強度因人而異，不過就跟追逐成就一樣，麥可利蘭認為**追逐權力是一種原始的人性本能**，世界各種文化的人都有這本能，如果追逐權力成功，就會比較快樂。

想在追逐權力的路上平步青雲，就要有效運用自己的能力知識，這得先超越三大障礙。第一個障礙是：以為世界是公平的；第二個障礙是：誤以為世界是公平而代代相傳的領導公式；第三個障礙是：你自己。

別再以為世界是公平的

很多人都活在一場騙局裡，都是共犯。他們寧願相信世界是公平公正的，相信善有善報、惡有惡報，也因為如此，他們往往以為只要好好工作、行為端正，自然會有好結果。甚至如果看到別人行為不當、自我吹噓或「突破極限」，大部分人不會深思其中有什麼值得學習之處，反而認為就算這些人當下成功了，最後還是不會有好結果。

如果抱持著「世界是公平的」這樣的信仰，會產生兩大負面效果，有礙權力的取得。第一，這種想法會阻礙人們從各種情況與各類人身上（即使是不喜歡或不尊重的人）學到教訓。在我教書以及和領導者共事的過程中，一再看到這種現象。人們碰到跟權力相關的事件時，第一個反應通常是「不關我的事」，無論喜不喜歡或認不認同當事人。你一定要能夠向各種情況與各類人學習，而不只是向你喜歡或認同的人學習，尤其更不能只向與你相似的人學習。其實，如果人微言輕的你想取得更大權位，就必須特別注意握有權位者的動向。

第二，如果認為世界是公平的，會讓人忘了**權力基礎必須靠自己主動打造**。相信世界是公平的人，往往不會注意到周遭環境中各種可能危及事業的地雷。韋卓思（Jim Walker）就是個血淋淋的例子，一九九〇年代晚期，野村控股公司（NOMURA SECURITIES，日本最大證券公司之一）聘請他到香港打理亞股業務。從各種角度來看，韋卓思都表現出色，他網羅了傑出的分析師，不僅使野村的研究團隊排名大舉躍升，還提高了獲利。這樣一位有魅力的領導人，打造出一個階級較少的扁平式組織，一心一意追求績效與成果，卻未能體察他所處環境本質上仍充滿政治行為。在反對者的質疑、敵對與一些挫敗之下，他失去掌控權，黯然離開野村。

「究其根本原因，他的離開其實純屬誤解。韋卓思小看了野村控股的守舊與政治權謀程度。」這種普遍認為世界是公平的信念，在社會心理學上稱為「公平世界假說」，最早是由梅爾文．勒納（Melvin Lerner）在數十年前提出。勒納認為，人們往往會認為這個世界是可預測、可理解的，因此也是可掌控的。或者如另一位心理學家所說：「我們從小就學習要做個『好人以及好控制的人』。」然而這個世界其實是隨機、不可控制的，因此存活在這樣的世界裡，我們如何能不挫折連連呢？正是這種對掌控與可預測的渴求，才導致我們把世界看成是公平的，因為公平的世界就可以理解、可以預測，照著公平世界的規則行事就會有好報，不然就會大難臨頭。

根據「公平世界假說」，大多數人認為「種什麼因就會得什麼果」，就是「善有善報，惡有惡報」。更重要的是，反之亦成立；也就是說，如果某個人富貴興旺，世人往往認為他一定是做了什麼好事才會有如此善報。因此，眾人之所以認定某個人是好人，完全只因為看到那個人表面上獲得的善報。相反地，如果某個人厄運臨頭，根據公平世界假說就會得出一個結論：這個人一定是個壞人。這種推測方法會產生一個常見的效應，也就是「把責任歸咎於受害者」，人們會找出理由來將某人或某公司的不幸合理化，而且反之亦然：只要某個人成功了（不管是用什麼方法達成），大家就會努力找出這個人的美德來將他的成功合理化。

有很多實驗和田野調查證實了公平世界假說所產生的效應。這些研究當中，許多是調查受訪者對隨機選出來接受電擊等懲罰的人有何看法，結果顯示，大家往往會排斥這些（隨機）受罰的人，認為他們沒有社會價值，即使知道這些受罰的人純粹只是隨機被選出也一樣。而且，這些隨機選出的受害者還會被貼上標籤，於是人們有了這樣的想法：「接受營養午餐補助的孩童會被歸類為能力不足，長相不好看的大學生，被認為他們駕駛私人飛機的能力會不如長相好看的人，接受社福救助的人被認為不值得信任或無力打理自己的生活。」

只要你了解公平世界假設的效應，也知道這種效應會左右你的看法，就要努力去抗拒這個假設，不把世界看成是公平的，那麼每遇到一種情境你就能學到教訓，會更有警惕心、更積極主動來確保自己的成功。

丟掉手中的領導類書籍

下一個必須克服的障礙是領導類書籍。大部分由知名執行長寫的書以及領導相關的課程，都應該加上一句警語：本書內容可能有害您在組織內的存活。因為這些企業領導人是把自己塑造成榜樣，供人模仿，但卻留了一手，不把自己攀到高位真正運用的權力操作公諸於世。而那些領導方面的課程，都是教人要照著內心的羅盤走、要真誠、讓內在感覺抒發出來、虛心自持，叫你不要恃強凌弱、不要以辱罵的方式待人；簡單說，這些處方只是符合人們心目中希望的世界，要大家守規矩聽話。如果大家都永遠真誠、謙虛、坦率、關心他人福祉勝過追求自身目標，這個世界會是一個更美好、更有人味的地方，但問題是，這樣的世界根本不存在。

做為追逐權力的指南書，這些作者的建議是有缺陷的。大多數執行長並不像吉姆．柯林斯（Jim Collins，美國知名管理學專家及作家）在《從A到A^+》（*Good to Great*）書中所描述，能夠使公司的績效曲線維持在高檔的第五級領導人——特色是謙遜自持、冷靜、自制、甚至害羞，他們不獨享聚光燈焦點，也不獨攬所有決策，會發掘出員工最大潛力。第五級領導人非常罕見，所以能從A到A^+的組織才會那麼稀少。柯林斯是從這些模範人物已經當上執行長之後寫起，而從基層爬到頂端的過程所需的行為模式，可能跟攀上頂端之後所需的行為大不相同，大部分領導人通往權力之路，大多和他們分享出來的建議沒有什麼相似之處。

大部分領導類書籍和課程之所以流於淺薄，可歸因於三個因素。第一，出書和寫文章談論自己的領導人（例如紐約前市長朱利安尼或奇異電器前執行長傑克．威爾許〔Jack Welch〕），可能認為自己能鼓舞人心，甚至認為自己是真誠坦率之人。但是這些人都很擅長凸顯自己，擅長講人們想聽的話，以一副高尚好人的姿態出現，他們就是因為有「凸顯自己」的能力才能攀到高位，所以不管是自傳中第一手的描述，還是領導類書籍間接提到的故事，這些領導人都會過度強調自己的正面特質，而把負面特質和行為略過不談。

另外兩個讓這類書籍歷久不衰的因素，一是獲得權力的人會去寫歷史。我們在後面的章節會提到，取得權力和維繫權力的最好方法之一，就是塑造正面形象和名聲，讓別人把你捧為成功的有力人士。其次，很多研究都證實了公平世界假說的效應：假如人們知道某人或某個組織是成功的，就會自動把各種正面特質和行為加諸在那個人或那個組織身上。雖然沒有證據證明，照著領導類書籍去做就會成功，不過只要你功成名就，人們很可能就會對你選擇性記憶、注意到他們心目中優秀領導人該有的正面特質。這種強調「正面特質」的成功故事，讓人相信世界是公平的，而且，我們眼睛只看到自己想看到的，往往會把與成功相關的特質自動套在成功的人身上，但實際上，這些人身上可能根本沒有這些特質。

所以，不要輕信這些領導人給的建議。他們的建議的確有可能是對的，但更可能只是出於自己的利益。人是會扭曲事實的。有一項研究發現，一千封履歷表當中，內容有謊報成分的高達四成以上。如果教育程度和工作經驗這些可輕易求證的事實都可以捏造，你覺得大家在描述自己的行為和個性——更難求證的內容，會完全據實以告嗎？

你該相信的是那些告訴你如何取得權力、維繫權力、運用權力的社會學研究結果，你也該相信自己的經驗：觀察身邊成功的人、失敗的人、原地踏步的人，看看他們的所作所為有何不同。這是個很棒的方法，可以培養你的判斷能力，找出在組織內存活下來的有用方法。

克服自己這一關

信不信由你，取得權力的第三大障礙就是你自己。最大的敵人通常是自己，而且不只是在追逐權力的競技場上。原因是，人往往自我感覺良好，喜歡保持正面形象。但諷刺的是，為了保留自尊，不是先舉白旗投降，就是做一些會阻礙自己的事。

有大量研究文獻在探討這種稱為「自我設限」（self-handicapping）的現象，當中的邏輯其實很簡單，每個人都希望對自己的能力感到滿意，任何失敗經驗都會讓人自尊不保，但是如果故意做一些明顯有損表現的事，就會被解釋為「沒有完全發揮應有的能力」。比方說，有個測驗能準確測出智力程度，有些人就會故意選擇不練習或不研讀相關內容，以此來讓自己考不好，同時為考不好提供一個好藉口，說他們真正的能力並未完全發揮。同理，某個人沒有積極追求高位，如果最後沒得到高位，就不會被說成是個人能力不足或失敗，反而會說是他刻意的選擇。所以，前面故事中的貝絲不願意「玩權力遊戲」，正是在自我保護，使她的自尊免於承受失敗帶來的後果。

有證據顯示，自我設限會因人而異，所以每個人為自己的表現找藉口的程度也有差異。研究顯示，自我設限會對後續的工作表現產生負面影響，因此，為了保護自己的形象，我們往往會設置外部障礙，好讓挫敗發生時可以歸咎於這些非自己能掌控的因素，這種行為確實會導致表現較差。閱讀這本書的時候，請隨時把自我設限的概念牢記在心，你才會更放開心胸認同本書內容，並且實地把學到的東西付諸實現。

自我設限、未戰先降或連試都不試，這些情況司空見慣的程度超乎你想像。「權力」的課程內容我已經教了數十年，我逐漸相信，我能達到的最大效果是：讓人們放手去追求權力。因為每個人都害怕挫敗，害怕自己形象受損，所以常常不會盡全力去追逐權力。

所以，克服自己這一關，不要顧慮自己的形象，也不要顧慮別人對你的看法，別人不會擔心你，也不會在乎你，他們最在乎的是自己。不放手做或不盡力去追求影響力，或許會讓你維持良好的自我感覺，但絕對無法幫你攀上頂端。

循序漸進地練習

沒有兩個組織的政治文化是完全相同的，世上也找不到一模一樣的人，然而大多數管理方面的建議，卻說得好像放諸四海皆準，人們也都在尋找各種環境能行得通的簡單和通用公式。但事實上，該怎麼做，必須符合自己的情況才行，要符合組織情況以及你自己的價值觀和目標。所以，務必要把本書所提出的主張和例子放在你處的環境來看。

其次，除了一些物理定律之外，我們處的世界是個或然率世界。沒有一種藥物對每個人都有效，也沒有一種藥物永遠都有效，同樣地，最棒和最新的行為研究所得到的結論，並非永遠為真。本書提出的建言必然會有例外，不保證一定有好結果，不過只要機會站在你這邊，隨時留意本書所提的研究證據、以及可佐證這些證據的例子，久而久之你一定會漸入佳境。

第三，學習過程（不管是在學校，還是下半輩子的學習）往往太過被動，不如想像中有幫助。要有效打造權力、善用影響力，唯有一途：練習。所以，別光是看這本書，也別只是思考書中的例子，請學以致用，看看成效如何。仿效書中成功人物的行為，化知識為練習，練習永遠是最佳的方式，可以讓你培養出能力，使追求權力成為你的第二本能。

本書的編排一如我和同事對課程的安排，採循序漸進。前言和第一章提出一些大方向的思考，讓你重新思考以往對權力和成功的那些理所當然的假設。第一章會說明工作表現和權力的關係，以及如何用有利於自己的方式來定義工作表現，同時提出一個概念架構（一些簡單的想法），做為你閱讀後續內容的指南。

第二章處理的是爭取權力必須具備的個人特質，其中很多特質並非天生，而是後天學來的。因此你可以診斷一下自己的強項和弱點，然後擬出一個培養計畫來強化不可或缺的個人特質。第三章討論該從何處開始你的事業，組織中最利於取得權力的位置有哪些。第四章提供一些建議，告訴你如何取得你想要的位置，也就是如何取得通往權力的最佳位置。

接下來幾章會探討權力的來源以及如何開發，權力來源包括資源（第五章）、社會人脈和人脈位置（第六章）、行為和言語要能夠傳達並產生權力（第七章）、累積個人名聲，也就是真的可以讓你取得權力、而且會應驗的名聲（第八章）。

再怎麼成功、有力的人士，遲早都會遭遇反對勢力、遇到挫敗。第九章分析如何迎擊、何時行動，以及對付反對勢力的方法，同時深入探討必然會遭遇的厄運困境和因應之道。權力會帶來能見度，也會招來大眾的檢驗，還有其他代價，第十章處理的是位高權重的缺點和成本。權力往往會令人過度自信、以為自己可以自訂規則，權力的滋味常常讓人做出喪失權位的行為，第十一章討論權力是如何失去、為何失去，以及該如何維繫比較好。

書中從頭到尾都在闡述一個觀念：你是在打造自己的權力之路。很多人會懷疑這跟組織的效能有何關聯，這是第十二章的主題。第十三章會舉出幾個例子，這些人把本書的原則落實於真實世界，達到某種程度的成功。本書的目標是說服你相信自己真的有辦法取得權力，且不必完全變了個人，而是以一些稍微有策略和不同的方法。就跟複利的道理一樣，只要在每一個情況中都有一點效用，假以時日，你就會達到完全不同且更好的境界。

第一部

每個人都可以擁有權力

第1章　業績能決定你的權力地位嗎？

二〇〇四年，佛羅里達州邁阿密戴德郡聘請紐約前任教育局長盧迪．庫魯（Rudy Crew）擔任教育局長，整頓城市學校的典型問題：預算與校務不振。庫魯在任期間，邁阿密戴德郡連續三年（二〇〇六至二〇〇八）進入「最佳城市教育獎」決選名單，評鑑排名翻揚，學生的課業成績也進步了，還興建數千間教室來緩解過度擁擠的現象。有鑑於如此傑出的表現，二〇〇八年春天，美國學校管理協會選拔庫魯為全國年度最佳教育局長，進一步為他奠定了教育創新者的美名。而他獲得的回報是什麼？在二〇〇八年獲選為全國最佳教育領導人之後不到半年，庫魯已經在跟教育局談判退職金，因為教育局投票要他走人。

工作表現好，不保證保得住飯碗。如果你以為只有公立學校會出現這種情況，那你就錯了。肯・凱瑟（Ken Kizer，世界知名醫療保健領導者）一九九四年被美國柯林頓總統任命接掌退伍軍人健康管理署（Veterans Health Administration），他接手的是一個垂垂老已、毫無效能的健康醫療單位，面臨的問題包括：服務對象族群已產生變化、醫療健保環境日趨競爭、醫療照護模式也有了改變。短短五年，凱瑟建置了電子醫療紀錄系統，做了一番徹頭徹尾的改變，強化醫療照護的效能和品質（以不到二萬人的雇員，服務二千九百萬到三千五百萬的退伍軍人），讓這個單位的文化變得比較願意接受改變；而且根據《商業週刊》（*BusinessWeek*）封面故事的報導，他打下堅實基礎，使得退伍軍人健康管理署成為「全美最佳醫療照護提供者」。一九九九年，國會強烈反對凱瑟的任命案，凱瑟只有讓位一途。事實證明，要同時兼顧政治與醫療照護方面的表現是很困難的，「尤其，退伍軍人健康管理署在某些關鍵選區關掉部分醫院，引起國會議員強烈不滿」。

而且不是只有公家機關會這樣，商場上比比皆是。可能大部分人都忘了，傑米・狄蒙（Jamie Dimon）現在是金融界龍頭摩根大通銀行赫赫有名的執行長，當年他之所以離開花旗銀行，是因為恩師兼老闆山帝・威爾（Sandy Weill）背棄了他；亞瑟・布蘭克（Arthur Blank）和伯納・馬可斯（Bernard Marcus）聯手打造了極為成功的家得寶（Home Depot）居家修繕公司，但他們是因為在一九七〇年代末被不喜歡他們的老闆炒魷魚才出來創業的；約翰．史考利（John Scully）在一九八〇年代把蘋果電腦共同創辦人、在科技方面深具高瞻遠矚眼光的史提夫．賈伯斯（Steve Jobs）趕出公司。以上例子還只是一長串名單的一小部分。

不只高層或美國會這樣。印度有一位行銷總監要求執行長正式推薦她，讓她能名列在「有潛力成為領導人」名單（如果獲得推薦，薪水會比同位階的人多三成，也有資格承接一些有助於更上一層樓的工作）。這名總監提出要求之際，正值她把一個陷入危機的品牌起死回生、獲提名角逐公司內部行銷獎項，以及贏得印度一個相當於坎城影展的廣告獎。儘管有如此多豐功偉業，她的要求最後還是被拒絕。

不只是好表現不保證保得住權位，工作表現不好也不見得就會丟了飯碗。麥可．傑佛瑞（Michael Jeffery）是LECG全球專業顧問服務公司執行長，雖然在他任內公司幾乎從未賺錢，甚至在他宣布自動下台的前兩年，公司股價慘跌八成，遠遠不如競爭對手，但他還是穩坐執行長一職達三年之久。公司中不直接管事的董事長和他關係很好，再加上他有辦法「擺平」董事會，並且把問題通通推給前任（前任是實際創辦公司的人），所以他的寶座安穩無虞，而且持續好一段時間。另外一個例子是一家醫療設備公司的執行長，他掌管公司將近十年，股價絲毫沒有起色，營業額雖然成長卻沒有反映在獲利上，加上高階主管流動率高，使得公司內部無人可接班。

儘管工作表現疲弱，他的薪水快速增加，工作安穩無虞，只因為他與不管事的董事長以及絕大多數董事的關係都很好。從以上保住工作和失去工作的例子可以得知，只要讓老闆或老闆們高興，工作表現好壞真的不是那麼重要；相反地，如果把老闆惹毛了，工作表現再好都救不了你。

重要的不只是業績

人們犯的最大錯誤之一是，以為好表現（工作成績）就足以讓人取得權力、升遷無礙。因此，人們只是坐等機會，而不去有效經營自己的職場生涯。如果你想開闢一條通往權力之路，就不可以再認為工作表現好已經足夠，而且一旦你了解為何如此，甚至能因透徹了解而受惠。

很多有系統的證據說明了，工作表現和職場結局之間的關聯，如果想聰明地擘畫策略來取得權力，就得知道這些關聯。資料顯示，工作表現並不是決定大家在組織內「下場」的主因，所謂的下場包括：你的績效評估、職務任期以及升遷的可能性。

二十多年前，社會心理學家大衛．斯庫曼（David Schoorman）研究了三百五十四位公家機關員工的績效評比。員工被分為三大類，依據的準則是上司在聘用該名員工時涉入程度的多寡。第一類員工是承接而來的，也就是主管到任時就已存在；第二類員工是當時前來應徵，直屬主管有參與聘僱決策，而且屬意晉用這些人；第三類是，應徵或晉升時主管有參與決策，但否決的意見被其他最後定奪者打回票。在第三類例子中，主管所帶領的員工並非當初自己屬意的人選。斯庫曼提出一個簡單但重要的問題：主管在用人過程中扮演的角色，會不會影響他日後對該名部屬的考績評分？

你大概猜得到，如果主管積極參與聘僱遴選過程，並且晉用自己屬意的人選（也就是第二類），主管給這些部屬打的考績分數，會高於承接來的部屬（第一類）或並非自己屬意的人（第三類）。事實上，不管主管是不是積極投入遴選過程，都會影響到績效評分。那些不顧主管反對而被公司晉用的員工（第三類），主管給他的分數一定低於自己屬意聘用或是承接來的部屬。斯庫曼的研究證明了「行為承諾效應」，就是一旦某個主管對某位應徵者做出正面或負面的評價，這個評價就會左右日後的績效評分。這份研究代表的意思是，工作表現對你考績的影響，還不如主管對你的印象以及他跟你之間的關係。

研究組織內部的升遷情況（所謂升遷是指職務高升或加薪，或兩者都有），得到的結論也是：**工作表現並不是職場生涯變動的主因**。美國經濟學家詹姆斯．麥道夫（James Medoff）和凱薩琳．亞伯拉罕（Katherine Abraham）在一九八〇年觀察到，薪水的高低主要取決於年紀和年資，而不是工作表現。後來部分研究也證實了他們的結論，甚至延伸到美國以外的地方。舉個例子，有一份研究擷取的是荷蘭福克飛機製造公司（Fokker）的資料，該報告指出，考績為「非常好」的白領勞工，獲得升遷的機會只比考績為「好」的同事多一成二。還有許多研究已經證明，有很多因素會對職業生涯造成影響（包括教育程度、種族、性別等），**而工作表現通常只有統計數字上的意義**，對升遷的影響很小。比方說，有一項研究調查了兩百多位來自各類公司的員工，發現主管在決定內部升遷時，除了會考慮工作表現之外，年資、教育程度、出缺勤也是考慮因素。一項針對聯邦政府公務人員的研究指出，考績跟實際的生產力幾乎是兩回事，而且文憑較好看的人比較容易獲得拔擢，即使並非表現最佳也一樣。

工作表現傑出不只不保證升遷，甚至可能有害。菲爾就是血淋淋的例子。菲爾是個年輕有才幹的高階主管，任職於一家大型金融機構，他有不可思議的能力，有辦法如期落實複雜的資訊科技計畫，甚至提前完成，而且不超出預算。他的上司是這家金融機構非常資深的高層，菲爾傑出的工作表現讓他受惠不少。他非常願意用金錢來獎勵菲爾，但是當菲爾要求調任其他工作來擴展經驗時，他馬上給了答覆：「我不會讓你走的，因為你的表現太好了。」菲爾的主管很願意讓菲爾在部門內擔任更重要職位，但是壓根不希望其他人注意到菲爾的能耐，免得失去這位得力助手。

葛蘭達也有這樣的經驗，只是稍有不同。葛蘭達是蘇格蘭一家製造公司高階主管，她跟第一線員工的相處很有一套，替老闆工作已超過十年，奔波於世界各地，近乎奇蹟似地將陷入困境的工廠起死回生。她的工作考績很優異，會拿到績效獎金以及固定加薪，不過她告訴我，最近幾年老闆都沒有給她升職，未來也不會。葛蘭達後來終於搞清楚問題所在：公司裡的資深高階主管認為她在現職非常有效能，他們認為這份職務不能沒有她，但又認為她不是資深高階主管的料；也就是說，不是承擔更重要工作的適合人選。所以，工作表現好反而可能會把你困住，因為上司不希望失去你；還有你在現職的稱職表現，不保證其他人會認為你能擔當更大重任。

表現傑出，不保證可以升職或加薪，甚至不見得能讓你保住飯碗。大部分的研究在調查工作任期時，都會以執行長為研究對象，因為執行長的曝光度高，這個職位的統計數據最完整。工作表現的確會影響任期長短和解僱與否，不過，影響同樣很小。根據一份研究，如果執行長連續掌舵三年業績不佳導致公司破產，這些執行長只有五成的機率會下台一鞠躬。業績不佳會不會導致執行長走人，其實要看執行長的權力有多大。握有權力的高階主管（因為握有公司股份、其他股東股權分散，或者因為內部董事比較多），就算公司營運不佳也很可能繼續掌權。有一項研究調查了將近四百五十家公司中的前五位最高階主管，他們因為績效不佳而走人的比例，甚至小於因績效不佳而走人的執行長比例。高階主管的流動率會受到執行長流動率的影響，尤其如果是外人來接任執行長的話，因為執行長們喜歡把自己的人馬帶進來，不會顧及原任多麼能幹。

所以，要登上有權力的位子並持續擁有，光是工作表現傑出是不夠的，甚至可能不是必備條件。你必須引人注意，必須能決定用什麼衡量標準來評估表現，還必須運用方法，打點好握有權力的人（你必須有辦法更加強化上位者的自尊）。

替自己創造「曝光」：別人記住你，就等於選擇了你

位高權重的人往往都忙不完自己的工作了，這些人（包括你組織內的上司）大概不會太注意到你，也不會注意你在做什麼。絕對不可以假設上司知道或注意到你完成了什麼事，而且對你的一切動向瞭如指掌，因此首要任務是，務必要確定上司們知道你做了什麼，而最好

的方法就是：直接告訴他們。

務必要突顯自己，這個概念與傳統觀念互相牴觸。俗話說：凸出來的釘子會被榔頭狠狠敲下去。我第一次聽到這句話是在日本，後來在西歐也聽過，很多人對這句話堅信不疑，因此凡事力求融入，不做太過引人注目的事。這句話在某些地方、某些時刻或許有道理，不過如果拿來作為職場上的忠告，那就爛透了。

如果想取得有權力的位子，就得讓有權力的人選擇你來承擔更重要的角色，但是如果你低調行事，就不會有人注意到你，就算工作表現很傑出也一樣。以前一位學生曾經說過：

> 他走了，你注意到我，但如果他還在，你就不見得會注意我。我把這種人稱為「地基人」，地基是房子的必備元素，如果沒有地基，房子就塌了，但是地基深埋在地底下，九五%的時間都運作得好好的，完全不引人注意。默默工作、埋頭苦幹的工作態度是有效率、有效能的，但是通常不會受人注意。你有可能靠著默默苦幹做到中階主管，但是可以讓你掌握大權嗎？答案幾乎可以確定是：「不能」。

在廣告界，「廣告記憶度」是衡量廣告是否有效的最重要指標，而不是廣告的品味、邏輯或藝術性，簡單說就是能不能讓人記得該廣告和商品。這個指標也適用於你和你的權力之路，因為所謂的「曝光效應」（the mere exposure effect）是很重要的。曝光效應是已故的社會心理學家羅伯特・翟安（Robert Zajonc）首創，所謂曝光效應是指：在其他條件都相同的情況下，人們往往會偏愛、選擇自己熟悉的，也就是自己以前看過或體驗過的。研究顯示，一再曝光會增加正面感覺、降低負面感覺；而人們之所以喜歡熟悉的東西，是因為可以減少不確定性。另外，在喜歡與做決策上，曝光效應是一種強大的現象，不同的文化以及各種不同的領域中都會出現。事實就是，人們會喜歡自己記得的東西，而這些東西包括你！想要讓自己的好表現獲得讚賞，就得被看見，但是除了被看見之外，曝光效應教我們，熟悉會產生偏愛。

簡言之，被記得就等於被選上。義大利一位高階主管在許多大型跨國企業工作過，晉升速度也很快，他是個直言敢說、咄咄逼人的人，所以有時會激怒別人，不過另一位經理人告訴我：「再過幾十年我還是會記得他，但是其他同事我就忘得差不多了。」如果那位經理人要挑人來填補職缺，肯定是這位叫人難忘的義大利主管。你不可能挑一個自己不記得的人。

把有利於你的業績凸顯出來

蒂娜．布朗（Tina Brown）曾經是《浮華世界》（*Vanity Fair*，美國雜誌，內容報導多以明星私生活為主）和《紐約客》（*The New Yorker*，美國周刊，以關注美國紐約文化生活動向為主）雜誌的總編輯，後來創辦《*Talk*》雜誌（於一九九九年至二〇〇二年間出版），近年則是成立了大受歡迎的網站The Daily Beast（美國新聞報導及輿論網站，內容並不局限於美國事務）。身為大總編以及流行文化定奪者，布朗獲得非常大量的媒體曝光，在她八年總編任內，《浮華世界》的發行量增加四倍，達到將近一百萬本。任職《紐約客》期間，報攤銷售量增加一．四五倍，雜誌也榮獲二十幾個大獎。《*Talk*》雜誌二〇〇二年停刊前一年，經濟大環境一片低迷之際，雜誌廣告收入也還有六％的成長。但是，布朗顯然從未讓任何一本雜誌賺到錢，一個原因是，提高發行量、及時、八卦報導都是花大錢堆砌出來的。

布朗擔任雜誌總編時到底做得好不好，要看你用哪一種標準來衡量。她讓廣告收入和發行量大幅成長，也替自己和雜誌贏得媒體曝光，但是卻沒有帶進金錢上的獲利。這對老闆紐豪斯（S. I. Newhouse）來說可能無關緊要（《紐約客》和《浮華世界》隸屬於這位億萬富豪的先進出版集團〔Advance Publications, Inc.〕），不過對赫斯特集團來說（Hearst Corporation，《*Talk*》雜誌的出資者之一），沒賺錢顯然茲事體大。

沒有一個人有辦法在工作上的各個面向都表現得一樣出色，你只能不斷強調自己表現出色的那一面。《*Talk*》雜誌停刊後，布朗上電視節目《今日》（*Today*），接受主持人麥特·勞爾（Matt Lauer）訪問，在勞爾逼問之下，她承認是商業模式有瑕疵。不過她還是一再強調，《*Talk*》雜誌的內容很棒，廣告收入在經濟衰退中還能成長。

克里斯是一家人力資本軟體公司的執行長，該公司銷售的是一種hosted service——代管服務，專門協助企業挑選鐘點員工。這家由創投資助的公司，面臨日益競爭的市場，有些競爭對手以很低的價格提供類似的產品。想要提高競爭力，一個方法是提供更多服務來管理各個階段的員工，從聘僱、生涯發展到退休都包括在內。但是克里斯的公司技術平台不是很好，而他自己又不是技術人員，所以沒辦法帶頭強化技術面。

克里斯和經營團隊為了留住客戶，並且讓公司產品更好賣，只要客戶在合約到期之前預先續約，就會給予優惠價。在向董事會做簡報時，克里斯一再堅持，這項策略是個好方法，可以使帳目上的預收款增加、客戶的續約率提升，還能透過這種先發制人的方式給對手威脅，以此提高公司的價值。他的簡報成功轉移了董事會的注意力，讓他們不至於一再納悶為何一定要降價才能留住客戶。

有位董事提出數據顯示公司正在流失市占率，但克里斯用另一種衡量方式來定義績效表現，使他自己看起來領導有方。後來，這家公司以營收的倍數賣掉，而營收大約只有競爭對手的三分之一，但克里斯已經有四百萬美元入袋。新買主最後還是流失了客戶群，因為危機並沒有被防堵成功，只是被延後而已。

對於別人要從哪個角度來衡量你的工作表現，你能做的有限，但是你可以強調對你有利的那一面，防堵對你不利的部分。

永遠要記得老闆重視什麼

美國教育家庫魯（Rudy Crew）管理邁阿密的學校時，預算大約四十五億美元，整個學校體系的人員編制有五萬五千人以上。資源如此龐大的情況下，或許庫魯一心只想改善辦學績效，但部分學校董事感興趣的卻是誰拿到合約、誰得到工作。學校董事會對種族階級充滿分歧，非常在意高階人員的族群分配多寡。有個人就說了（他在校董會會議上發言表達意見），如果庫魯的姓是庫魯茲（Cruz），或許就能保住職位，因為邁阿密有非常多拉丁族群（Cruz是拉丁族裔常見的姓式）。另外，董事會成員是愛面子的一群人，偏偏庫魯又不夠聽話，無法贏得他們的歡心。

工作表現之所以不如想像那麼重要，當中一個原因是：工作表現的評量有很多面向。更何況，你認為重要的事，老闆不見得認為重要。第一章提過的狄蒙，他之所以丟了花旗銀行的工作，是因為跟威爾的女兒槓上（她也在花旗工作）。威爾很在乎自己的家人，並非只在乎花旗的財務表現。**很多人以為自己很了解老闆在乎什麼，然而，除非有讀心術，否則這大概只是個危險的「以為」而已**。比較有效的方法是，定期去問問上位者，看看他們認為哪部分的工作最重要，以及他們覺得你應該做些什麼。求助以及徵詢意見也是和上位者打好關係的好方法，這層關係相當有用，而**求助**更是奉承上位者的有效方法（不過，求助的同時要展現自己的能力和掌控大局的能耐）。問過上位者認為何者為重之後，務必要遵照他們的話行事。

善用奉承策略

幾乎可以確定，工作表現至少有一點是很關鍵的：你有沒有透過自己的表現、透過自己的言語、透過自己所完成的事，來讓上位者自我感覺良好？要保住職位、建立權力基礎，最穩當的作法就是，讓上位者對自己感到很滿意。

不只是沒自信的人喜歡「對自己滿意」的感覺，大多數人都如此，大家都會追求自我肯定（就是希望獲得別人的正面反應，避免負面反應）。不過客觀來說，錯誤才能讓人學到教訓，也才能讓人知道哪裡做錯了，但人往往會高估自己的能力和成就，這種現象稱為「優於平均效應」（Above Average Effect）。接受調查的人，有一半以上的人認為，自己在一些正面特質上優於平均，例如聰明、幽默感、開車技術、外表、談判能力。正因為人們喜歡自己，所以往往會偏愛與自己相似的人；挑個可以讓你想到自己的人，就是自我肯定的極致表現。

有很多文獻證明，人與人之間的吸引力主要取決於相似度。比方說，人們比較可能嫁娶名字跟自己雷同的人，在實驗中，人們比較容易被實驗代碼與自己生日類似的人吸引。而且因為人們喜歡那些和自己相似的人，所以也會喜愛與自己同組的人，比較不喜愛敵對組別的人，這種效應稱為「內團體偏誤」（Ingroup Bias）以及「外團體貶抑」（Outgroup Derogation），同時也會偏愛跟自己同一社會階層的人，例如同一種族以及社經背景雷同者。

批評他人是鐵定會讓老闆感覺不好的，如果你的批評又正好衝著老闆在意或沒把握的事而來，那就更敏感了。一位很能幹的經理人服務於一家大型信用卡機構（姑且稱她為梅琳達），她所屬團隊是負責評估與決策，像是負責架構模型來預測消費者付款、招攬消費者和留住消費者。她正在等待上司批准她的授信主管任命案。公司的授信長（chief credit officer）原本對她很佩服，不過有一次她對授信長的一位部屬在會議上的糟糕行為感到很生氣，於是把這事告訴授信長。她說，授信長的這位部屬的行為正好反映出「他動不動就大吼大叫的領導風格」。由於領導正是授信長對自己最沒把握的地方，所以梅琳達的批評令他很感冒，因此他把梅琳達的任命案暫緩了好一陣子，要讓她看看誰才是老大，以此做為一種報復。

布蘭特是美聯社（Associated Press）的記者，採訪足跡遍及全世界，哪裡有新聞他人就到哪。二〇〇六年他得到全世界數一數二的大新聞——北韓地下核子試爆，但是他當年的考績卻很糟糕。考績上的評語提到，布蘭特與編輯時有爭論，他覺得編輯只會幫倒忙；而這話是他以前講給上司聽的。

請記住這個教訓：**務必要留意自己跟上司之間的關係，就如同你在意自己的工作表現一樣**。如果上司犯了錯，最好由別人指出來，千萬不要由你說出口，就算你真的要點出某些錯誤或問題，也千萬不要涉及上司的自我認知或能力。比方說，把責任怪罪到別人身上或怪罪於情勢。自己成為別人口中那個使上司感到不安的人，或是跟上位者處不好的人，這些肯定是你最不樂見的事。

要讓上位者自我感覺良好，最好的方式之一就是奉承。研究顯示，奉承是贏得權力的一個有效策略。奉承之所以有用，是因為我們會很自然地喜歡那些說我們好話、讓我們自我感覺良好的人，所以討人喜歡就有助於建立影響力。另外一個原因是，奉承是有來有往的（如果你讚美某人，那個人就欠你個東西，效果等同於你請他吃飯或買禮物送他），讚美就是一種禮物。再來就是，因為奉承正好能滿足大多數人都有的自我提升本能。

已故的傑克．瓦倫帝（Jack Valenti）擔任美國電影協會會長有三十八年之久，在此之前他是詹森總統的幕僚，他深知奉承的威力以及最佳的奉承方法。一九六五年，瓦倫帝寫建言給詹森總統時提到：「我的建議是，總統應該訴諸人性一種不變的情緒來鞏固支持度，就是『感覺被需要、被讚賞』。」瓦倫帝自己則是展現忠誠和一貫的贊同來奉承詹森。一九六五年六月，在美國廣告聯合大會的一場演說上，瓦倫帝說到：「我一天比一天睡得好、睡得更安穩，因為我的總統是詹森。」瓦倫帝也奉承電影公司的老闆們，他替這些人服務了三十年以上。事實上，他幾乎無時無刻不深知奉承的威力並善用到極致。有一次他來到我教授的課堂上，事後我寫感謝函給他，他親筆在感謝函上讚美我的道謝，然後寄還給我。

在他的自傳中（撰寫於他八十幾歲時，在他過世後出版），他對書中提到的每個人完全沒有惡言，全都是溢美之辭。早在瓦倫帝開始通往權力之路的前數十年，他就已經開始奉承他人，一直持續到生命劃下句點。這本自傳並未獲得書評家好評，因為通篇筆調親切和藹，他親眼目睹的重大事件的核心細節付之闕如，不過，書中人物看完這本書之後，無一不對瓦倫帝讚譽有加。

大部分人都低估了奉承的效果，因此未能善加利用。如果有人奉承你，基本上你會有兩種反應。一是認為對方言不由衷，只是想巴結你。但是這麼想的話，會讓你對這個人產生負面觀感，認為這個人不誠懇。更重要的是，如果認為對方的恭維只是一個累積影響力的策略，也會讓你對自己產生負面觀感，你心裡會想：這個人把我當成什麼了，竟然用如此明顯又不誠實的方法來爭取權力？相反地，你可以把對方的恭維當成是誠心誠意的，而且認為奉承者很會看人。如果這麼想的話，會讓你對他的人際洞察能力刮目相看，也會對自己感覺良好，因為這番恭維是出自擅長識人的人之口。毫無疑問，每個人都有一種心態，樂於相信奉承者是真誠、講得是對的，這種心態往往會讓我們容易接受奉承，因而受到奉承者的影響。所以，千萬不要低估（或不善加利用）奉承策略。

加州大學柏克萊分校（University of California, Berkeley）教授珍妮佛・切德曼（Jennifer Chatman）有一份未發表的研究，她想看看奉承是不是過了某個程度就失效。她認為奉承的效果可能呈現倒U型，效果增加到某個程度後就會失效，因為奉承過了頭會變得不誠懇，變成是拍馬屁。她告訴我，奉承可能到某個程度就會失效，不過她從研究數據中找不到是哪個程度。

本章強調**要經營上層關係**，說明了這麼做的重要性，以及一些有效的方法。原因是，你跟上位者的關係是你能不能成功的關鍵。

啟斯・法拉利（Keith Ferrazzi）是暢銷書作家，也是行銷大師，他說：大部分人以為成功操之在己，其實不然。他提到，在典型的階級式組織裡，「向上的野心」以及「工作上的好表現」是不足以確保成功的，你的成功操之於上位者手裡，他們有權力讓你升職或是擋住你的升遷。不管你的職位為何，上頭一定有人，因此你的任務就是：要讓那些有影響力的人有強烈欲望想讓你成功。要做到這點，你可能得有傑出的工作表現，且要讓那些人注意到你的好表現、記得你、因為你讓他們自我感覺良好而對你有好感。本章只介紹了爭取權力的基本原則，以下各章會有更詳盡的說明。工作上有好表現，再加上政治手腕，才能助你步步高升，光是表現好通常是不夠的，有時甚至還不一定需要。

第2章　打造具影響力的個人特質

朗．梅爾（Ron Meyer）自一九九五年開始擔任環球電影公司（Universal Studios）的總裁兼營運長，他是大型電影製片廠中在位最久的領導者。除了是電影產業大權在握的大人物之外，梅爾也為生命轉折提供了最佳注解。他十五歲從高中輟學，幾年後加入美國海軍，退役後在一家明星經紀公司擔任司機，因為常聽到客戶的談話而對娛樂圈有所了解。在知名的威廉莫里斯經紀公司（William Morris Agency）擔任經紀人之後，梅爾和幾個朋友成立了創意藝人經紀公司（Creative Artists Agency），由此開啟他成為好萊塢數一數二經紀人之路。

梅爾和很多成功人士一樣，在人生過程中都有了深刻改變。他培養出可讓他取得權力、維繫權力的特質，如果你也想如法炮製，就得成功克服三大障礙。第一，**你必須相信人是可以改變的**，否則就死了這條心吧，乖乖接受自己就是這個樣，不可能開啟一段可能困難重重的個人成長與開發之路。第二，**你必須盡可能客觀地檢視自己的長處和弱點**。這一點很困難，因為人都會自我感覺良好，只會過度強調別人給我們的正面讚賞，看不到自己不好的一面。第三，**你必須知道什麼是打造權力基礎的最重要特質**，才能把有限的時間和注意力用於開發這些特質。

改變是有可能的

我們通常認為，不管求取權力需要哪些特質，有就是有，沒有就是沒有，就算可以靠後天培養，到了成年就沒法改變了。不過，梅爾和其他很多政商界人物的自傳都戳破了這個看法。威利．布朗（Willie Brown）是美國加州議會史上在位最久的議長，也是兩屆舊金山市長，是美國政壇最有權力的人物之一，他第一次競選議員時落選，第一次角逐議長寶座時也失利，不過他慢慢培養出耐心和同理心，磨練自己的能力來打造人際關係。就像學樂器、學外語、打高爾夫球或踢足球一樣，人可以先了解打造權力必須具備哪些特質，然後逐步培養這些特質，年輕時可能容易一點，不過永遠不嫌晚。

約翰是商學院學生，他不確定自己能不能在取得權力方面變得更有能力，也不知道如何做。他在上有關權力的課程時，他認為課堂上所教的內容要等到「爬到食物鏈較頂端時」才用得上，不過他還是決定在找工作時做個小小的實驗，看是否會有不同的效果。

約翰知道自己必須散發自信和把握，儘管從小到大的經歷以及家庭背景並未讓他覺得自己是個有自信的人。他為即將到來的校園徵才做了充分準備，把自己裝扮得時髦有型，又不失低調溫順，在面試過程中散發果決能幹，且對面試官表現得十分尊重。他說：「面試官走向我的時候，我會起身迎向前，直視他們的眼睛，主動跟他們握手，面試過程中的坐姿會稍具強勢意味。這些動作都傳達出，我在當下是具備一定程度的權力。」

約翰面試了七家公司，全都被錄用。他把這歸功於展現自我的方式，因為錄用他的公司給他的評語是，他的行為舉止讓他在同儕之中顯得突出。

你也可以改變。編舞家泰拉．莎普（Twyla arp）曾獲得兩座艾美獎、一座東尼獎，她對創意下的注解，同樣適用於開發權力與政治能力：

很顯然，每個人都各有一些與生俱來的天分……。不過我不喜歡用基因來當做藉口……而是應該克服自己先天的不足。最棒的創意是由習慣和努力造就出來的。

當然啦，由於先天與後天環境的影響，我們會擁有某些個人特質和個性，不過策略性地改變個人特質讓自己更有效能，是可能的，也是做得到的。我曾訪談過一位名叫保羅的人，他對自己能否培養出特質來打造權力感到質疑，我問他：

我：你有學過滑雪嗎？

保羅：當然有。

我：滑雪是天生就會的嗎？

保羅：不是。

我：你有辦法學會滑雪，你又承認滑雪不是天生就會的，如果你都學得會滑雪，當然也有辦法培養出能讓自己掌握更多權力的特質。

你真的瞭解自己嗎？

如果要開發自己，就得先做個誠實的評估，找出自己最需要開發的是什麼，也就是最可能進步的是什麼。這種評估是人性一大挑戰，因為我們喜歡美化自己，往往會高估自己的能力和表現。如果有人批評我們或我們的工作，我們自然而然就會避開他們，而且會淡化任何對我們的負面看法。我們會告訴自己，過去的成功證明了我們的才能，所以只要好好保持下去就行。全球知名領導大師馬歇爾·葛史密斯（Marshall Goldsmith）把自己多年指導高階經理人的經驗寫成暢銷書，他在書中提到，人都會捍衛自己的能力和行為，要克服這樣的心防有其困難。如果你在事業生涯中步步晉升，有培養新的思考方式與行為模式的需求，而這又需要你付出努力，那麼你就會有足夠的動機去投入。不過，要承認自己必須培養新行為和新技能，似乎得先承認自己不如想像中完美。

葛史密斯指導的都是高階經理人，這些人通常非常自負，所以他得想出一套方法來減輕人類天生的傾向：對自己任何缺失，先是迴避，接著是打死不認。比方說，他不會直接告訴他們過去哪裡做對、哪裡做錯，而是往前看，告訴他們該做什麼準備才能面對未來的職位和事業挑戰。背後的邏輯是這樣的：如果我們把重點放在如何為下個階段做準備，就比較能卸下防衛心。他這個方法很聰明，比起檢討過去的挫敗或思考自己的弱點，把重點放在該做哪些改變才能達成未來目標，勢必會讓人起勁一點。就像房子裝修一樣，你得進屋子裡走一圈，評估一下哪裡該修繕，同理，要增強自己的能力之前，必須先評估一下自己哪裡該改進。

在此有個建議。看完本書說明的個人特質之後，請做一下自我評估。針對每一項特質，給自己打個分數，從一分（我完全沒有這項特質）到五分（我充分具備這項特質，隨時可以發揮），如果能由別人替你打分數就更好了。然後，由你或朋友擬出行動方案來培養你分數最低的特質。定期檢討自己的進展，確保自己有持續在培養這些特質。

自我評估還有第二個挑戰。就算你克服人性心理，願意客觀診斷自己的優缺點，你可能還欠缺必備的知識，不知道該如何改進、該改進什麼。簡單說，知道自己哪裡做錯，就代表你已經有一定程度的知識和能力，而如果你已經有知識和能力可以看出自己的錯誤，那你大概就不會重蹈覆轍了。

總是有人帶著各類問題來向我求助：他們對商業書籍的疑問、要求我當面給一些事業上的建議、協助解決他們在公司內遇到的政治難題。我敢說許多人都遇過這類求助，通常是沒來由的，而且常常是透過網路，因為這年頭隱密性愈來愈少了。在大多數案例中，從他們提問的內容就可知道，這個人為何遇到困難：他們不提供任何類似的證據或社會人脈、不體諒對方的看法、不解釋為什麼選中我。如果他們的問題是跟學校或企劃案有關，通常他們對主題根本就不熟悉，也不精通。接下來要介紹一個名叫瑞的人，他是一位有效能、書呆子型的人力資源主管，專門培訓領導人才，最後因為不善組織內的政治操作而丟了工作。跟瑞談過之後，我深深相信，雖然他學識豐富，知道如何培訓領導人才，很努力工作，有職業道德，但是他對公司裡的政治生態了解太少，也因為如此，根本不知道自己哪裡不足。

瑞並不是特例。美國康乃爾大學（Cornell University）社會心理學家賈斯汀．克魯格（Justin Kruger）和大衛．鄧寧（David Dunning）大約十年前做了一項破天荒的研究，證明人們如果欠缺成功執行任務所必備的知識，也會不知道自己有缺陷、哪裡有缺陷。比方說，文法與邏輯的測驗分數落在十二百分位數的人（就是一百人當中贏過十二人，排名八十八），會以為自己位於六十二百分位數（一百人中贏過六十一人，排名三十九），他們不僅會高估自己的成績，也無從評估自己的答案正不正確、哪裡答錯，也就無法準確看出別人比自己厲害。

幸好，有個簡單的方法可以解決這個問題：求教於比自己厲害的人，他們會直接點出你的問題所在。可惜，這類求助有時會讓人感覺是示弱，而且我們往往不願承認自己的無知

——又是自我感覺良好在作祟。因此，很諷刺的是，願意承認自己無知的人，反而比較可能改進（在各個領域，包括了解公司內部的權力生態），而不知道自己的不足或不願承認自己不足的人，就難以有改進。誠如孔子所言：「不知為不知，是知也。」而要能夠改進，就得把自己不足之處告訴可以幫你矯正的人。

至於第三個障礙，先確定打造權力需要有哪些技能和特質，然後努力去培養，這兩件事都是做得到的。以下我列出通往權力之路必備的七大特質。

通往權力之路必備的2大面向與7大特質

有關組織內權力運作的研究愈來愈多，卻少見有系統地研究哪些特質可創造權力，一個原因是，這類研究本來就有困難。如果去問問已經掌權的人都具備哪些特質，可能會搞不清楚，到底是先有這些特質才造就他們的權力，還是先有權力才有這些特質。現有的研究，再加上我自己對許多政商人物自傳的分析，以及觀察各行各業成千上百位領袖，我找出兩大基本面向與七大特質，不管是邏輯上或經驗實證上都與權力密不可分。

這兩大面向是「**意願**」（願意接受大挑戰）和「**才能**」（具備必要的能力可以把雄心轉化

為成就）。「意願」的具體表現就是三大特質，包括**雄心、精力、專一**；而取得權力必備的四大才能是，**自我充實和具備反省心態、有把握和能散發自信、有能力解讀他人和理解他們的看法、有容忍衝突的能力**。介紹完每一項特質之後，我還會討論一項常被認為與權力息息相關、但我認為被過度高估的特質：聰明。

一、具有雄心

除了堅持之外，成功還需要投入心思與努力工作，而這些一定要有雄心做為動力，才有可能投入那樣的心思、做必要的犧牲。已故的美國政治家理查・達利（Richard Daley）曾任芝加哥市長，被譽為美國史上十大最佳市長之一，他一直到五十三歲才角逐市長寶座。「達利很早就明白自己想取得權力，他願意耐心等待機會到來。他默默耕耘了三十年，一直在做都市政治機器的例行公事。」美國傳記作家桃莉絲・基恩斯・古德溫（Doris Kearns Goodwin）執筆撰寫的林肯傳記得過普立茲獎，書中提到，林肯之所以能創造燦爛的政治生命，雄心壯志是最重要的特質之一，讓他得以克服貧困的出身、早期的政治挫敗以及輕率的個性。

在政壇如此，在商場也是如此。吉兒・芭拉德（Jill Barad）登上玩具公司美泰兒

（Mattel）的執行長寶座，憑藉的就是滿腔的雄心。她身上常常戴著一個大黃蜂胸針。「大黃蜂是大自然的異數，照道理應該不會飛才對，但是牠卻會飛。每次我從眼角餘光瞥到這隻大黃蜂，就會提醒我要不斷地向不可能邁進。」

在組織裡生活，惱怒與挫折難免，也可能會分散掉你的努力和注意力，而雄心（一心一意要攀到權力高峰）可以幫你克服想放棄的念頭或避免你臣服於惱怒。梅琳達是一家大型信用卡機構的副總，她告訴我，持續專注於一個目標，讓她得以忍受周遭令人討厭、愚蠢、氣餒的環境——用她的話來說，讓她不會對當下的不完美念念不忘。因為她非常渴望事業成功，因此能夠克制情緒，繼續努力往目標邁進。正因為她一心一意追求自己要的結果，不去在意別人、不去理會他們的習性，所以能在這家信用卡公司步步高升。

二、充滿精力

蘿拉・艾瑟蔓（Laura Esserman）是美國加州大學舊金山分校乳房健康中心主任，透過這個官方權力不算大的職位，她為當地與全國的醫療帶來了重大改變，在全職執業之餘，她還唸了一個ＭＢＡ學位，甚至生了第一個小孩。她有一次告訴我：「先偷懶打個盹是改變不了世界的。」已故的法蘭克・史丹頓（Frank Stanton）是美國哥倫比亞電視公司前總裁，在新聞廣電界擁有極大的影響力，他工作時數超長，週末也在工作，每天通常只睡五小時。教育家庫魯在學校體系擔任領導人時，深受失眠所苦，常常凌晨三點就起床，每天幾乎都是第一個進紐約市教育局長辦公室的人，辦公室的咖啡也是他泡的。我認識的人當中，有權有勢的人幾乎個個都有用之不盡的精力。

擁有精力可以做到三件事，能有助於權力的建立。**第一，精力和生氣、快樂等情緒一樣，都有感染力，因此精力會激發別人，讓別人更努力。**詹森當上美國總統之前，曾經在一九三〇年代初擔任眾議員理查．克萊伯格（Richard Kleberg）的秘書，把手下兩名助理操到不行，不過因為他也跟大家一樣投入工作，所以他們沒有怨言。如果你盡心盡力投入，就代表這件工作很重要，旁人便會接收到這個訊息，反之亦然。而且，如果你很努力，旁人也會比較願意努力投入。

第二，精力充沛就能長時間投入，有利於事情的達成。把天才及有天分的人（各個領域特別有成就的人）拿來做研究，可以發現「長時間的投入準備」是關鍵。社會心理學家狄恩．西蒙頓（Dean Keith Simonton）花了超過四分之一個世紀在研究天才的成因，他寫道：「每個人在各項領域的表現差異，主要取決於他投入了多少時間來學習必備的知識與技能。部分研究人員甚至認為，所謂的天分或天才可能都只是迷思。」很顯然，精力充沛就能讓你長時間努力工作，因此可以讓你更快速專精。

第三，精力充沛的人比較容易被拔擢，因為能夠努力投入是很重要的，而且投入大量精力就代表高度認同組織，也就是忠誠度較高。正如信用卡公司主管梅琳達所說：「如果有兩個人，一個願意工作十六小時，也有精力做到，另一個只能做八小時，誰會獲得拔擢就不言可喻了。」

旺盛的精力以及少睡一點，是可以養成的。艾瑟蔓把她的耐力歸功於外科醫生的訓練，以及擔任實習醫生與住院醫師時必須長時間工作的不得眠。這意味著，旺盛的精力是可以透過練習或訓練來培養的。肯特．提瑞（Kent Thiry）是DaVita（美國最大洗腎公司）的執行長，他因為在員工大會上後空翻而著名，他會請私人助理替他安排運動時間，這代表，即使是工作壓力很大、常常到處奔波的人，也可以透過飲食和運動來增加自己的能耐，讓自己得以努力工作。再說，如果對自己的工作很投入，你也很可能會精力充沛，這樣說來，精力和雄心是相輔相成的。

三、專一投入

把乾草放到太陽下，什麼事也不會發生，就算天氣熱到爆也一樣；不過，如果把乾草放在放大鏡下面，乾草就會著火。太陽光聚焦於一點，會比不聚焦的太陽光更有威力。追逐權力也是如此。

有很多專一的方式。一是**專一於一個產業或一家公司，這會讓你獲得深入的了解以及該領域的大量人脈**。布魯斯・寇查德（Bruce Cozadd）年紀很輕的時候就知道自己對製藥業有興趣，他在耶魯大學取得理工方面的大學學位，拿到MBA後，在ALZA製藥公司找到工作，很快就升到財務長，接著是執行副總和營運長。嬌生集團（Johnson and Johnson）買下ALZA之後，寇查德先是擔任幾家製藥公司的顧問，然後才自立門戶，成立了爵士製藥公司（Jazz Pharmaceuticals）。他現在在另外兩家公司擔任董事，兩家都是生物科技公司。寇查德跟其他同儕不一樣，他商學院畢業後的頭十年一直待在同一家公司（ALZA），整個職業生涯也一直待在同一個產業。他的主張是，這樣可以讓他在這項產業獲得非常細部的知識、了解這一行的技術和經營問題，可以在這個領域建立比較綿密的人脈。

梅琳達自二〇〇二年就開始在同一家信用卡公司工作，她說待在同一個地方的好處是，可以在單一組織內認識更多人，人際關係更扎實，再加上對那些有助於你追逐權力的人更了解，就可以更好地運作權力。近年有人在講職業流動（career mobility）愈來愈流行，不過要攀到高位通常還是從內部晉升比較容易。根據近年的調查，標準普爾五百企業執行長的任期中位數是十五年。（Standard & Poor's，標準普爾，是世界性權威的金融分析機構；S&P 500，標準普爾五百，美國五百家大型上市公司之市場市值加權指數。該指數被廣泛認為是足以衡量美國大型股票的最佳指標。）

第二種專一的方式是，**把專心從事的範圍縮小，只致力於單一技能的學習**。如果很多研究說得沒錯，天才是靠大量投入時間才獲得出類拔萃的才能，那麼只要你縮小專心投入的範圍，你也可以用較少的時間學到必要的才能。

第三種專一的方式是，只專注在你的工作或職務範圍內最關鍵的部分，也就是最能影響事情的完成與否，以及別人對你和你工作效能的觀感。韋農是英國巴克萊銀行（Barclays Bank）中快速崛起、前途看漲的經理人，同事最佩服他的是，他總是有辦法非常聚焦於對公司最重要的事，也許是向高層做的簡報，也許是一項ＩＴ企劃案。韋農認為，挑出工作範圍內五%到一〇%的事項，集中火力去做，確實可以讓他更有效管理時間，並且把團隊的資源做更好的分配，以達到最大效果。

令人意外的是，專一很罕見。人們通常不願意或不能夠只投入於一家公司、一項產業或一種職務，天分高的人更是如此，他們通常興趣廣泛，機會也多，難以做選擇；此外他們還常常覺得工作觸角多元是一種保護，如果做錯決定還有挽救餘地。話是沒錯，不過證據顯示，把專注的範圍縮小，然後投入精力，比較可能讓你取得權力，就像太陽光一樣。

四、自我反省

幾年前，我到消防員基金（**Fireman's Fund**，是市值超過百億美元的保險公司，隸屬於安聯金融服務集團）訓練他們的主管，期間認識了喬・班尼達齊（Joe Beneducci），他是當時的營運長。二〇〇七年他三十九歲時，《保險與科技》雜誌（*Insurance and Technology*）遴選他為年度最精通科技的執行長之一。我問他如何在這麼年輕就有如此成就，他很肯定地回答我，不是因為他的教育背景（他的成績很好，但讀的並不是名校），而是大量閱讀（他一週至少讀一本非小說），以及他有條理的自我反省功夫。每次重大會議或談話結束後，他會在小小的筆記本上把進行順利和不順利的部分都寫下來，也記下別人說的話、做的事，還有會議的結果。那本筆記本記錄了他與別人互動過後的感想，所以能讓他未來的互動更有效；而且不間斷地做記錄，不僅可隨時反省自己，也可以把一些真知灼見深刻印入自己的腦海裡。

麥迪克醫師（Dr. Modesto "Mitch" Maidique）是古巴裔美國人，擔任佛羅里達國際大學總裁長達二十三年，更早之前還經營過兩家公司、擔任過Hambrecht & Quist投資銀行的合夥人，他在營利與非營利機構都表現傑出。我問他是哪些領導習慣讓他如此有效能，他不假思索就回答：把決策、會議、與別人的互動都記下來，然後反省自己哪些做得好、哪些做不好，再加以改進。

沒有反省，就沒有學習與成長可言。安迪．哈格頓（Andy Hargadon）是加州大學戴維斯分校商學院教授，他指出，**很多人常自認為有二十年的經驗，但其實他們只有一年經驗，只是重複了二十次**。有條理的反省是需要花時間的，也需要有紀律地全神投入、做筆記、思考自己在做什麼，而這對打造權力非常有幫助。

五、散發自信

二十年前，我看到史丹佛大學神經外科首位女性正教授康莉醫師（Dr. Frances K. Conley）的行為。在一個場合中，她先與外科醫生同事會面，然後再去看一名腦部有惡性腫瘤的病人。即使到了今日，腦部惡性腫瘤的治療常常都無法成功，更遑論二十年前治療方法更是沒什麼選擇。在同事面前，康莉醫師表現出不確定該怎麼做的樣子，詢問他們的意見。但是她一走進病患的病房，就完全變了個人。她不否認病情嚴重，也不企圖掩飾診斷結果，只是有自信地講述她建議的治療過程。事後我問她為何態度有此轉變，她回答：治療疾病時有所謂的安慰劑效果，態度和精神也會產生某種效果，所以她不希望讓病人放棄或沮喪。要是她一副對自己缺乏信心的樣子，病人可能就會去別的地方治療，反而會因此轉到醫術和設備都無法提供最先進照護的地方。

工作頭銜和職位可以產生影響力和權力，不過很多時候，跟你共事的同儕或外人可能不知道你的正式頭銜。不管是什麼情況，旁人都會搞清楚應不應該把你當一回事，因此你必須有掌控全局的能力。人們在判斷權力大小與決定該不該順從時，自然會看看對方的一舉一動。權力會讓一個人的行為舉止較有自信，因此人們自然會把有自信的行為和有權力聯想在一起。表現得自信、有知識，能有助於建立影響力。

阿曼達是個有能力的中年主管，服務於一家很賺錢的大型消費產品公司，公司送她去念管理碩士，在念書這一年期間，公司不僅付她薪水，還替她繳學費，這代表公司對她有很大的期待。問題是，她能「得寸進尺」嗎？春天的時候，阿曼達開始思考重回工作崗位。她草擬了一封電子郵件，打算要寄給公司，不過幸好她後來決定先給朋友看看，問問她的意見（那位朋友是另一家公司的女主管）。朋友替她加強了信裡的語氣，清楚表明阿曼達志在高階經理人，想走一條能讓她達成願望的道路，並且直接講清楚回到公司後希望擔任哪個職位。

一開始她並不願意寄出這封在她看來很放肆的信，不過最後還是寄了出去，而且對公司的答覆又驚又喜。公司同事很喜歡她採取這種有自信的方式，也欣賞她坦白直言自己的事業抱負，所以答案是：有何不可呢？高階經理人都有這樣的行為，阿曼達只是表現出跟他們一樣罷了。

展現自信似乎對女性來說特別困難，因為她們在社會化過程中一向被要求順從、不要太自信，但是這種行為會引發問題。社會心理學家布蘭達．梅潔（Brenda Major）的研究顯示，女性會願意為了拿到同樣的薪水而工作更久、更賣力，因此薪水自然較男性低，對事業以及巔峰薪資的期待也較男性低。這份研究暗指，由於女性不覺得自己值那麼多，所以談薪水時就落居下風，這就是男性與女性的薪水一直有差距的原因之一。

如果沒有自信和把握，不只女性會嚐到苦果，所有人都會，而且苦果不只是薪資方面。如果你沒有自信去爭取自己應得、想要的，你就不會去要求或設法得到，因此在金錢或權力上的成功肯定不如那些比你大膽的人。

六、替別人著想

指導談判技巧時，通常會建議針對雙方的「利益」來談，不要繞著雙方的「立場」打轉。雙方各退一步，或許最後都能滿載而歸，不過這種方式要能奏效，就得先了解對方的情況。替別人著想，也有助於獲取權力。美國詹森總統在擔任參議院多數黨黨鞭時，之所以能夠如此稱職，原因之一是，他把九十九位同仁的底細摸得一清二楚，知道哪些人想有私人辦公室、哪些人愛喝酒、哪些人喜歡近女色、哪些人想來一趟特別的旅行，這些細節讓他得以準確預測他們的投票意向，也知道該送什麼東西來贏得他們的支持。

德州大學心理學家威廉·伊吉斯（William Ickes）研究過「感同身受的理解」，他指出：

> 有感同身受能力的人，總能「精準讀出」別人的想法和感受。在其他條件都一樣的情況下，這種人很可能會成為最老練的幕僚、外交手腕最好的官員、最有效的談判人員、當選機率最高的政治人物、業績最好的業務員、最成功的老師、最能洞察人心的心理治療師。

我們有時候之所以不會替別人著想，是因為太在乎最終目標，不太在意要爭取別人的支持——或至少降低他們反對的可能性。艾瑟蔓在加州大學舊金山分校乳房健康中心推動改革時，她同意要募集資金來購置乳房攝影巴士，讓舊金山窮困地區的人也能獲得診斷服務。此時，外科部門（乳房攝影巴士的主要設備都來自外科部）出現赤字，外科部主任很納悶：乳房攝影原本該屬於放射科的事，為何卻是外科部在張羅；醫學中心財務長則擔心評等不佳的話會借貸無門，無法在舊金山的傳教灣（Mission Bay）興建醫學院校區；而行政人員擔心的是，在醫療補貼很低的情況下，乳房攝影巴士抵達的地方，會出現更多須以補助方式醫療的罹癌貧窮婦女。

原本的立意是拯救生命、提供醫療服務給弱勢婦女，是「做該做的事」，但是艾瑟蔓忽略了別人的顧慮。某天她突然了解到，乳房攝影並不是她唯一有興趣推動的，而且她已經把自己的美意搞得天怒人怨，於是她打電話給主任，告訴他：「我了解你的看法，我同意，我會好好做個處理。」不到兩個星期，她結束了這項服務，這個簡單的動作贏得眾人的支持，而且她正急需這些人的幫忙。此事說明了一個重要的教訓：站在別人的立場想，不僅不會讓你離目標愈來愈遠，反而是讓你前進的最佳方式之一。

七、無畏衝突

有很多書籍和相當多的實地研究在討論職場霸凌的有害影響。所謂職場霸凌，就是職場上會發生大吼大叫、語出不敬或不當行為等情況。這個事情為什麼會一再發生？因為對加害者而言，霸凌非常有用。大多數人都不喜歡衝突，會盡量避免難堪的情況、避開難相處的人，所以常常對於別人提出的要求照單全收，或是寧願改變自己的立場也不願付出情緒失控的代價，而非挺身捍衛自己或自己的看法。如果你能有效解決難堪的衝突場面以及壓力很大的情況，你就擁有一項大多數人都沒有的優勢。

拉姆．伊曼紐（Rahm Emanuel）是美國前總統歐巴馬的幕僚長，過去是非常成功的伊利諾州眾議員，負責打理民主黨國會競選委員會，他的脾氣是出了名的火爆。萊恩．利薩（Ryan Lizza）說：「伊曼紐似乎是利用他火爆的脾氣來達到效果、嚇阻反對者，不過在爭吵過程中他從未失控。」前紐約市市長朱利安尼被公認在位期間有很多建樹，他是個從不怯戰的人，《紐約時報》（*The New York Times*）作家麥可．鮑爾（Michael Powell）和洛斯．巴特納（Russ Buetmner）如此形容他：「在紐約市這個充滿政治鬥爭的城市，朱利安尼先生是個拳擊手。不過歷史學家和政治人物說，他的凶悍遠遠勝過前任，幾近無情，也成為他市長任期的注腳。」無畏衝突，可以讓人取得權力，有些人誤以為這種情況只存在於西方文化，因為西方對個人行為有較大容忍度，比較開放，人際互動的方式也較不謹慎。不過，我沒有看到很多證據可以證明這種觀點。在新加坡（這是個會大肆提倡禮貌運動的國家），在位很久的前任總理李光耀（他是新加坡的國父），向來被形容是「無禮又瞧不起人」。李光耀之所以能掌權，是因為他敢於反抗當時統治新加坡的英國，掌權期間從未畏懼與政治對手一戰。

川又克二在一九四七年黯然離開日本興業銀行之後，進入日產汽車（NISSAN），他沒有汽車業的經驗，但最後成為這家汽車大廠的領導人。在這家典型的日本公司，他的權力之路必定展現出他非常人的強悍。美國著名記者兼作家大衛·霍伯斯坦（David Halberstam）在《大清算》（*The Reckoning*）一書中寫到，川又的無禮和粗魯行為是刻意的：「那是一種權力遊戲。多年後日產一位經理人說：『他真正的意思是（我們一開始並沒有看出），我們感興趣的，他不必感興趣，但是他感興趣的，我們一定得感興趣。』」

別高估了聰明的影響力

我們已經知道，工作表現和能不能取得權力，並沒有很大的關聯。那麼聰明才智呢？

人類所有特質當中，「智力」大概是研究最多的。研究顯示，智力是工作表現的單一最佳指標，不過，在獲取權力方面，智力常常是一項被高估的特質。原因是，在工作表現上，智力**很少有超過兩成的影響力，而工作表現又跟獲取權力之間的關聯相當薄弱**。

找出事業成功的原因，向來是研究人員等相關人士追求的聖杯（這些人還包括考題開發人員、各大學以及研究所，他們想找到更有效的方法來篩選應試者），但是這個目標還是難以捉摸，大家的心智能力仍然無法了解。透過統合分析（將現有的研究做統計摘要），檢視了八十五組來自各個國家的資料，結果發現，智力和收入的關係係數是〇．二，雖然這在統計上有意義，但這代表薪水只有四％的成分會受到智力所影響。

針對事業成功的指標來研究（以一般人口和商學院畢業生等特定族群為對象），發現智力跟學校成績有點相關，但幾乎無法預言誰會出人頭地，原因是，學業成績和薪水一樣，都是薄弱的指標。以最近一個例子來說，大法官索尼雅．索托梅約（Sonia Sotomayor）的學術能力測驗（SAT）考得很差，因為種族優惠措施而獲准進入美國頂尖的普林斯頓大學（Princeton University）。不過，她以特優成績從普林斯頓畢業，然後爬到法律界最頂端，最後被任命為美國最高法院大法官。由於智力這個指標完全無法測出最後的成就，於是就有人想到把智力加上努力，開發出諸如情緒商數（EQ）這樣的指標（EQ這個指標可能還比較有用）。

更何況，聰明還可能會產生一些行為，反而阻礙權力的獲得和維繫（尤其如果聰明達到某個程度的話）。冰雪聰明的人往往認為憑一己之力就可以搞定所有事，而且做得比其他人都還要好，因此他們可能不會讓別人跟他們一起合作，不讓可能的盟友知道他們的計畫和想法。如果被人認為非常聰明，也會造成過度自信，甚至自大，導致權力喪失（後文會有更詳細說明）。聰明人可能會認為，由於他們非常聰明，所以如果因為不顧別人的需求和感受而產生一些損失，他們也覺得無所謂。在我看來，最不會設身處地替人著想的人，往往都是聰明人，他們太聰明了，無法理解別人為何不懂。最後一點，聰明也會令人生畏。雖然令人生畏會有效一陣子，但並不是贏得長久忠誠的上策。

許多書講的是聰明人做出糟糕決策，這些書在書名上就點出了重點，比方說，霍伯斯坦研究越南的書《出類拔萃之輩》（*The Best and the Brightest*），或是美國記者貝塔尼・麥克萊恩（Bethany McLean）和彼得・艾爾金（Peter Elkind）談論能源公司安隆醜聞始末的《屋內聰明人》（*The Smartest Guys in the Room*）。已故的羅伯特・麥克納馬拉（Robert McNamara）是越戰時期的美國國防部長，是個眾人都讚聰明的人，他在紀錄片《戰爭迷霧》（*The Fog of War*）當中告訴導演埃洛・莫里斯（Errol Morris），他最大的錯誤就是，沒有從北越人的角度來看事情。有些人認為，安隆垮台的一個原因是，他們太聰明了，任何質疑他們作法的人都會被他們詆毀，所以沒有其他觀點可以在這家公司內部存活。因此，聰明雖然能助你建立名聲、工作表現傑出，但常常會埋下失敗的種子，因為聰明會讓人過度自信、對周遭漠然。

一旦開始培養這些可以打造權力的特質，接下來就要了解，該把這些特質運用在哪裡。這將是下一章的主題。

第二部

權力路線圖

第3章　起點決定高度

從哪裡開始你的職業生涯，不僅會影響你的進展速度，也關係到你能走多遠。在加州大學，從教授們的薪水就可一窺各個科系的權勢大小。權力較大的科系，薪水成長的幅度比較大，速度也比較快。調查公用事業單位三千五百名員工裡三百三十八位主管（非外來空降，都是從內部晉升），發現部門的權力大小會影響薪水成長的速度——權力越大的單位，成長速度越快。

這項研究也發現，在權力大的部門的主管，例如營運、經銷、客戶服務，他們換工作的時候，比較可能會繼續待在權力大的部門。AT&T（美國電話電報公司）從政府部門分割出去之前，通往執行長職位的必經之路是先到子公司伊利諾貝爾（Illinois Bell）去歷練；如果想當上太平洋瓦斯電力公司（Pacific Gas and Electric）的執行長，法務部門是最佳跳板

（一九五〇年，太平洋瓦斯電力只有三個最高階職位是由律師擔任，到一九八〇年就多達十八位）；有好多年之久，通往通用汽車（General Motors）最高層的必經之路是財務部門；在伊利諾大學（我的學術生涯就是由此開始），高階職位通常是出身物理系的人擔任。

富國銀行（Wells Fargo）與西北銀行（Norwest）合併之前，高層大多由管理部門的人擔任，而且多得不成比例，其中包括克萊德．歐斯特樂（Clyde Ostler，他三十年的職業生涯先後擔任財務長、個人消費金融主管、網路銀行主管）、羅伯特．賈斯（Robert Joss，他升任富國銀行副董事長之後，後來又到澳洲的西太平洋銀行〔Westpac Bank〕擔任執行長，然後到史丹佛商學院當院長）、法蘭克．紐曼（Frank Newman，他擔任富國銀行執行長之後，轉而接掌信孚銀行〔Bankers Trust〕）、羅德．傑可布（Rod Jacobs，他先是擔任富國銀行的執行長，然後再當上總裁）。

管理部門會提供分析，供銀行做最關鍵的決策，所以管理部門的人有機會接觸到最高層。歐斯特樂二十三歲的時候就替富國銀行的投資團隊做分析，當時投資團隊成員包括六大決策者，同時也是管理團隊的成員，所以歐斯特樂很快就能與這個團隊共事，跟他們一起開會。在他事業非常早的時候，他就處於該銀行人際網絡中的絕佳位置，不僅能獲知關鍵資訊，也可直接接觸關鍵人物。

我們直覺知道，在權力的追逐上，並不是所有職業平台的幫助都一樣大，而這項直覺也獲得研究的證實，不過在選擇從哪裡開始建立權力基礎時，人們常常會犯錯，最常見的錯誤是進入公司當前核心業務、技能或產品的部門，也就是當下最有權勢的部門。這不一定是明智之舉，因為這裡的競爭最激烈，事業道路和過程已經穩固成形。再說，今天最重要的部門或產品，不見得是未來最重要的，因此若想平步青雲，就去耕耘未被開發的處女地，這可以讓你在阻力較小的情況下壯大自己，在明日之星領域建立權力基礎。從以下兩個例子可以看出如何落實。

意外的權力之路

你可能認為，要在汽車公司做到高層就得熟知汽車，要在全世界數一數二的軟體公司出人頭地就得有軟體方面的背景。其實你錯了。而且，只要你知道原因何在，就可獲得重要的深入理解，知道該從何處展開職業生涯。

二〇〇九年，吉亞．尤瑟夫（Zia Yusuf）成為SAP（全球最大的企業管理軟體與解決方案供應商之一）的全球生態與夥伴團隊執行副總，這家總部位於德國、市價一百五十億美元的企業，與甲骨文（Oracle，與SAP同為全球大型企業軟體公司）競爭激烈，爭奪企業資源整合規劃與資料庫軟體市場。四十一歲的尤瑟夫在這家跨國企業只做了九年，就成為公司高層之一，帶領一支團隊，負責SAP的夥伴關係、線上社群、拓展客戶，不過他的學經歷背景似乎完全看不出他能在高科技且以工程為重的公司竄出頭來。

尤瑟夫生於巴基斯坦，就讀於明尼蘇達州麥卡勒斯特學院（Macalester College），拿到經濟與國際研究方面的學士學位。由於對國際開發有興趣，於是他進入一家經濟開發顧問公司上班，並拿到喬治城大學外交碩士。接著，尤瑟夫進入世界銀行（World Bank），表現相當好，成為永久職員，不過世銀不允許他調到旗下的民營企業機構，也就是國際金融公司（International Financial Corporation），於是他在太太的建議之下，決定重回商界增加他在民營企業的資歷，同時再念一個碩士學位。

一九九八年，他拿到哈佛的MBA，進入高盛投資銀行（Goldman Sachs），這個職位為他在銀行與經濟方面的背景加分不少，是哈佛畢業生常見的出路。尤瑟夫在高盛表現很好，尤其擅長客戶關係的經營，只是他並不喜歡銀行的工作。

一九九〇年代末期是網路熱潮的高峰，也是對矽谷興奮不已的一段時期，尤瑟夫有很多哈佛同學和高盛同事紛紛往西發展，去矽谷追求事業。他有一位也是哈佛校友的同事，是SAP創辦人之一哈索．普雷特納（Hasso Plattner）的特助；尤瑟夫當時連SAP都沒聽過，更別提知道SAP是做什麼的，他飛到矽谷所在的舊金山灣區，去跟普雷特納談他到SAP的帕羅奧圖（Palo Alto）分公司上班一事。他覺得這是遷移當地的一個好機會，SAP會付他搬家費用，他也可以就近了解矽谷的文化和機會。

尤瑟夫在SAP的第一份工作，是擔任市場團隊的營運長，市場團隊是一個獨立的法律實體，由SAP獨資擁有，成立目的是要建立電子市場——撮合買賣雙方，再從每一筆交易中收取少少的費用，以此來賺錢。第一商務（Commerce One）等公司也採用這種營運模式，不過這種方式最後證明不可行。雖然這個單位開發了一些重要的軟體元件用於SAP其他產品中，不過這六百人編制的單位最後還是被裁撤。

SAP的市場團隊裁撤之後，尤瑟夫獲派去建立公司內部的策略顧問機制。尤瑟夫從公司內外網羅一些幹才，架構出一個部門，舉凡需要蒐集資料和分析的高層決策，幾乎無役不與，例如如何重整人力資源部門、定價問題、組織上的架構和設計等。他這個名為企業顧問團隊（CCT, Corporate Consulting Team）的部門，成為與任何外部顧問往來的中心。

當普雷特納開始對「以使用者為重的設計」感興趣時，自然由尤瑟夫和他的團隊帶頭與ＩＤＥＯ（一間得獎的產品設計公司）聯繫，並接觸其他可以幫助ＳＡＰ建立這種設計能力的外部資源。

做了四年ＣＣＴ主管之後（ＣＣＴ在德國和帕羅奧圖都有據點），尤瑟夫接下一份工作，負責替公司整合、開發一套生態系統，隸屬於後來成為執行長的里歐·艾波提卡（Leo Apotheker）轄下。他的表現獲得《商業週刊》的正面報導，再加上這個生態範圍內的夥伴、開發商和客戶社群所帶來的營收和產品漸增，尤瑟夫已經算是相當成功了。再說，由於客戶、夥伴、競爭對手常常見到他，他逐漸被蒐羅高階主管的獵人頭公司相中，可望跳槽到其他高科技公司擔任執行長，很多人也覺得這就是他的下一步。

尤瑟夫從銀行家到大型軟體公司高階領導人，還可能在不到十年內就當上高科技公司執行長，而他沒有工程方面的學位，甚至連職掌工程或銷售單位的經驗都沒有。二〇〇九年底，尤瑟夫宣布要離開ＳＡＰ，他告訴我，他要找一家比較小的公司，去擔任財務長或執行長。他的辭呈一遞出，ＳＡＰ幾位最高階經理人紛紛來電，其中包括普雷特納和艾波提卡，他們向尤瑟夫保證，只要他留下，他很快就會進入核心高層，成為公司七人決策小組的成員之一。

尤瑟夫的成功，是跟隨幾十年前福特汽車的足跡：從一個小小的分析人員到最後手握大權。第二次世界大戰剛結束時，國防部有一小群年輕人，他們受過良好訓練且非常聰明，負責進行分析以供作戰研擬，他們集體跳槽到一家公司，他們認為自己可以替這間公司帶進龐大且立即的影響力。他們選擇的公司福特汽車（Ford Motor），當時是小亨利．福特（Henry Ford II）這位年輕又缺乏經驗的創辦人之子在領導，公司可說是一團混亂，內部舞弊層出不窮，工會問題叫人頭痛，也因為缺乏財務控管而鬆散不堪。

這一群稱為「奇兵」的人馬，分別進入財務、會計、控管等部門。他們的分析長才並不適合相互吹捧、喜歡喝酒的業務部門，跟工廠的吵雜和髒汙更是格格不入，更何況，他們沒有一個人了解製造過程，甚至連車子都不了解。這群人當中的非正式領袖泰克．索恩頓（Tex Thornton）前往休斯飛機公司（Hughes Aircraft），後來成立利頓工業公司（Litton Industries），不過，包括羅伯特．麥克納馬拉（Robert McNamara）和阿傑．米勒（Arjay Miller）在內的其他人，最後升到福特最高層，影響一整個世代的大企業管理模式。出身福特汽車的人（也就是這個財務團隊的門徒），最後在全錄（Xerox）、萬國收割機公司（International Harvester）等著名公司擔任高階經理人。

這群奇兵在福特汽車之所以成功（尤其是麥克納馬拉，他是第一位當上福特總裁的非福特家族成員），有好幾項因素。首先，他們都是名校出身，學歷高人一等，當時年輕的小亨利．福特還沒念完大學，而且正面臨一項艱困任務，必須讓搖搖欲墜的福特汽車起死回生，他很欣賞這群人的「優良血統」。其次，這些人的分析導向和注重數字，至少為這個岌岌可危的公司提供了表面上合理和確定的方向。第三，這群財務人才說的是華爾街和金融市場的語言，即使是一九五〇年代，這一點對上市公司福特來說似乎很重要。如果做了某個決策，艾德．藍迪（Ed Lundy，財務副總，麥克納馬拉的助手）就會以權威口吻談論這項決策對股價會有何影響，然後他的說法總能發揮說服的功效。第四，這群人對於花錢一事相當保守，而他們省下來的錢就是福特的錢。靠著減少浪費、整肅內部貪汙，麥克納馬拉和同僚提高了獲利；達成這初步的成功之後，小亨利．福特也愈來愈採取規避風險的措施。

不過，這支財務團隊最重要的成功原因，是他們極力要求所有決策都一定要有效果。錢應該投入於更新廠房設備，還是投資於新產品開發？財務部門不僅參與這類決策，甚至該部門的評估標準和數據資料都是最重要的參考因素。每間工廠都有財務部派駐的人員，一方面蒐集資料，一方面了解實際情況，而為了確保這些人的忠誠，會定期將這些人調回總公司（這裡才是他們事業發展的關鍵）。財務部也會把能力好的人派到公司其他部門，以此延伸財務部的影響力，掌控公司上下的應辦事項，並得知最新消息。

財務副總藍迪和他的團隊甚至對績效評估流程、決定加薪與升遷的考績評分有掌控權，所以想當然耳，財務部以及相關人馬的考績都比較好：「在福特的人事組織表上，會用綠色膠帶標示出傑出員工，其中，藍迪的人馬特別多，除了因為這些人很聰明之外，還因為他們互打考績。」而且因為財務負責生產的是數字，不是汽車，所以大致是批評的絕緣體，財務人員不必製造或銷售，只要讓小亨利・福特高興、讓他們的對手隨時準備防衛自己就夠了。

如何打造具影響力的部門

福特這群奇兵和財務團隊證明了一個部門的成功之道：凝聚力。福特財務部的職責包括社交式的例行公事，像是架設好會議要用的投影機、準備簡報大綱、蒐集文章和資料，這就跟軍隊裡的訓練一樣，等於是在訓練年輕以及下一代高階主管：除了傳授專業技能和知識，更重要的是打造溝通與信任的共同連結，分享彼此的經驗。統一發言口徑、行動協調一致，是打造部門權力與效能的重要基礎，所以軍隊評估領導人的標準之一，是看他的單位有沒有凝聚力，運動教練才會那麼努力地要求隊員的行動與目標務必一致。

部門權力另一個要件是，有沒有能力提供關鍵資源，像是金錢或技能，或有沒有能力解決關鍵的組織問題，這兩點都是數十年來的研究主題。當然，隨著競爭環境改變，迫切需要解決的問題也有所不同，金錢的來源管道產生了變化，同樣地，權力的焦點也有所不同。柏克萊大學社會學家尼爾．傅利斯坦（Neil Fligstein）做過一項歷史性的研究，他調查大企業執行長的背景，從中可看出權力的轉移情況。一九〇〇年代初期，擔任執行長一職的是創辦人，接著，製造生產部門成為企業領導人最常見的出身背景，因為大規模工業型的企業以及國內市場興起，解決製造與工程問題是企業最重大的任務。從一九二〇年代開始一直到一九三〇年代，執行長逐漸由行銷和業務出身的人擔任，因為行銷產品與服務取代製造生產，成為更重要的挑戰。最後，從一九六〇年代開始，一九七〇與一九八〇年代漸增，執行長大多出身財務部門，反映出資本市場的權力提升，市場一致認為股東權益是衡量企業成功與否的最重要指標，同時也代表企業必須與金融圈建立緊密關係。

SAP的尤瑟夫以及福特汽車的「奇兵」，都因為走在潮流改變的前端而受惠。尤瑟夫進入SAP時，該公司最大的問題不是設計製造軟體（SAP多的是厲害的工程師和軟體設計師，技術早就沒問題），而是大部分鎖定的大企業客戶都已經買了ERP系統（Enterprise resource planning，企業資源規劃系統，將公司營運所需的各種流程整合於一套管理平台上），不是向SAP買，就是向其他競爭對手買，因此為了持續維持成長，SAP

必須設計出中小企業會買且能立刻上手的產品，這就需要一套新的策略和行銷方法。而SAP第一個遍及整個企業界的策略單位CCT，正好能夠提供必要的策略重心和資料來因應市場變化。

不過，SAP還有一個成長之道，就是打造和銷售一套應用軟體，把ERP系統龐大的原始資料轉化為商業智慧以及特定商業問題的解決方案。因此，SAP急需應用軟體開發人員，這些人要在SAP的平台上打造、銷售訂做的應用軟體（類似許多公司在蘋果iPhone上做的事），因此尤瑟夫一手開發並打理的這個生態單位就非常重要。隨著ERP的市場日益競爭，定價、行銷策略以及以客戶為重的設計全都變得更重要。尤瑟夫轉述他與SAP同事談到團隊和他自己所扮演的角色，還有對公司的重要性，當時他說：「你們了解軟體設計與開發，那很好，你們得兩分。那麼該如何銷售這個軟體，從中賺到錢呢？這就是我們的強項了，我們得兩分。」確實如此，普雷特納也看出SAP內部所需的技能有了改變，所以他鼓勵公司要網羅背景廣泛、各不相同的人。

同樣地，這些「奇兵」進入福特汽車時，發現執行長很年輕，公司陷入失控狀態，最迫切的問題是，必須把財務紀律注入這個雜亂無章的企業裡。雖然現在很難想像，不過在一九四〇年代二次大戰過後，只要是汽車人們都願意買，即使到了一九五〇年代和一九六〇年代，整個汽車市場仍然是美國三大車廠的天下，設計和工程製造不是那麼重要，因為這時的創新大多只在汽車尾部的大小打轉，而且雖然汽車產業總是有景氣循環週期，但銷售能力也不是那麼重要。這群奇兵來到福特時，正值財務與商業教育即將展開一段長久的興盛期，在福特財務部門中，只要有分析專才、受高等教育的人，幾乎就等於進入這個即將崛起領域的中心。尤瑟夫和這群奇兵的才能絲毫未被拒於門外，主要也歸因於天時地利。以尤瑟夫來說，他純粹是因為運氣才進入SAP，但是從哈伯斯坦對這群奇兵進入福特的描寫中可以得知，這群奇兵預先做了充分的策略思考，考慮哪一家公司能提供他們最佳機會。

衡量部門權力的3大要素

不管是為了規劃事業下一步走向，或是為了想了解該影響誰才能讓事情完成，診斷政治勢力分布總是有用的。英國學者安德魯．佩蒂格魯（Andrew Pettigrew）做過一份研究，調查買電腦的決策背後的權力運作，他指出，先了解能影響決策過程的權力分布是很重要的事情。卡內基美隆大學（Carnegie-Mellon）教授大衛．奎克哈德（David Krackhardt）分析一家創業型小公司內部的權力，發現在該公司內部中，最能認清權力分布與網絡的人，權力愈大。診斷權力分布是一項很有用的技能。

單一衡量工具或單一指標必然會出現評估誤差，所以好的醫生在為患者診斷疾病時，不會只看血壓數字，一般來說還會利用好幾項測試並且參考許多症狀。診斷部門權力的時候也是如此，單一指標可能會產生誤導，不過如果同時有好幾個指標都指向同一個答案，你就會比較有把握做出定論。多年來，我發現以下幾個有用的線索，可以讓你判斷哪個部門的權力最大。

相對薪資高

從每個部門的起薪和高階主管薪水可窺知權力大小。前面提過的公用事業研究中，在權力較大的部門開始發展事業的人，起薪大約比別人多六%，六%看似差距很小，不過這種公司的經理人都經過標準化訓練，一開始也都得輪調歷練，所以薪水只要稍有差距都叫人意外。幾年前，有一份研究調查不同國家最高階經理人的薪水，研究顯示，在德國，待遇最好的是研發部門；在日本是研發與人力資源部門，在美國則是財務部門。這份研究結果證明，薪水差距代表了各部門的權力大小，而且部門權力大小因國而異。

辦公地點接近核心、設備新穎

辦公地點愈接近權力核心，不僅代表權力愈大，也代表因距離的接近而影響力增加。幾年前，有一群學生取得太平洋瓦斯電力公司總部的樓層配置規劃圖（美國北加州和內華達州部分地區電力和天然瓦斯，都是這家公司提供），工程部門逐漸往下層遷移，法務和財務人員則是逐漸往上層移動。最後，工程部搬到距離舊金山總部數哩之遙的衛星城市，原因是法務與財務部門的高階主管人數愈來愈多。

隨著權力的消長，辦公地點的變動會帶來所費不貲的搬遷和裝潢，這在美國白宮這種高度政治運作的地方更是如此。尼克森總統的顧問約翰‧狄恩（John Dean）曾經說過：「從辦公室大小、裝潢和地點就可看出成功或失敗。如果辦公室愈搬愈小，就是在走下坡。如果木匠、家具工或貼壁紙的工人在某人辦公室忙進忙出，這個人肯定正步步高升。」

我曾拜訪一位朋友的辦公室，他剛接下一家大銀行的培訓部門主管工作，他的辦公室在一棟破舊大樓裡，望出去正對著幾部冷氣機，距離公司總部幾條街遠。我抵達時他告訴我：「我來介紹一下這家銀行培訓部門的角色。」其實他根本不必介紹，很遺憾，他的辦公室說明了一切。沒多久他另謀高就去了，因為他發現培訓部門當時在那家銀行一點都不重要。

高層團隊的出身背景

除了能從部門主管的薪水得知權力大小之外，還有一個方法，就是看看公司內部除了執行長之外，誰最有可能進入董事會。多數情況下，尤其若是董事會大換血，改由外人來擔任董事時，財務部會是唯一進入董事會的內部管理部門，這代表了財務部門的權力。

從高層團隊的出身背景也可窺探權力的變化，尤其是執行長和財務長。從尤瑟夫的成功，可以窺知SAP內部的權力轉移；不過，SAP後來任命出身業務的艾波提卡為執行長（SAP史上第一位非技術出身的執行長），這項任命案傳達了一些訊息。醫療環境的改變也影響了醫院權力架構的改變，過去醫院大多由醫生掌權，現在醫院比較可能成為一個大型連鎖體系的一環，由具有商業和行政經驗的人來帶領。本章前面提過傅利斯坦針對執行長背景所做的研究，那份研究很有趣而且重要，因為反映出各部門的權力消長。不只從職位可以看出各部門的權力變化，從高層團隊的組成分子也可窺知一二，例如執行高層團隊。留意哪些部門位高權重，就可以知道權力在哪裡。

選擇未知的風險還是激烈的競爭？

眼前有個兩難。進入一個有權有勢的部門可以讓你在薪水和事業上獲得優勢，但是正因如此，很多厲害的人都想進入最有權勢的單位。福特汽車一九六〇年代時的財務部門（不只是晉升福特高層的敲門磚，也是跳槽到其他公司擔任要角的跳板），可以從頂尖商學院最優秀畢業生當中挑選最傑出的人，這對該部門很好，可以維持權力於不墜，但是對那些想進入公司卻面臨激烈競爭的畢業生就不是好事了。不只是尤瑟夫，最早進入SAP的CCT團隊的人都受惠，他們被譽為「重要新事業單位」的先鋒，出現在公司高層面前的機會也很多。許多出身CCT的人被拔擢到SAP內部高階職位，這原本就是CCT一開始的用意，因為CCT的目標之一就是成為來自各個學術領域優秀人才的事業起點。不過久而久之，新鮮變成了稀鬆平常，現在已經看不出從CCT開始事業起點的人有沒有占到什麼好處。

面臨這類取捨，可以選擇開闢一條新路徑並承擔後續的成敗風險，或是進入一個已成氣候的領域但必須面對激烈競爭；這種利弊權衡也發生在商業領域。蘋果電腦在一九七〇年代末期推出第一部個人電腦時，市場上毫無競爭對手，不過如同蘋果電腦的聯合創始人之一賈伯斯常常提到的，這個產品總是被譏為太小，無法進行龐大的運算。如今，已經沒有人會質疑這種小電腦的運算能力，但是現在才加入者卻得面臨強敵環伺的激烈競爭市場。

該如何從兩難中做選擇？要看你的創業精神和風險承受能力到達什麼程度，也要看你是不是只要隨著權力浪潮走就好，或是你想領先浪潮，在你可以高人一等的地方創造自己的池塘。

安・摩爾（Ann Moore）在二〇〇二年當上時代集團（Time Inc.，美國紐約出版公司）的董事長兼執行長，常常入選《財星》（*Fortune*）雜誌商界五十大最有權勢女性。她在一九七〇年代末期畢業於哈佛商學院，不像其他同學踏上顧問界或投資銀行圈，而是從她錄取的工作當中挑了一個薪水最低的——進入時代集團的財務部門。做了一年典型MBA會做的財務分析工作之後，摩爾企圖在這個雜誌集團尋求一個核心角色。她調到《運動畫刊》（*Sports Illustrated*），當時有線電視部門（旗下包含HBO電影頻道）看起來像是未來所趨，相形之下，雜誌正逐漸式微。摩爾創辦了一份給孩童看的體育雜誌，接著調到《時人》（*People*）雜誌，一九九三年被任命為《時人》的總裁，並且讓《時人》原本就很好的業績更加亮眼。摩爾的成功來自於她在一個「逐漸式微」單位的突出表現，也來自於身為女性的她能夠入主男性運動雜誌，這有助於提升她的能見度。她選擇了一條與眾不同的路徑，這對她的事業成功有很大助益。

福特汽車的財務部門、伊利諾大學物理系、時代集團的有線電視部門，或是SAP的CCT團隊，就算在相對晚期進入以上這些單位，只要這些單位仍然擁有權勢，你一定可以有不錯的職業生涯，不論是在職位和薪水上都如此。不過如果你想另闢蹊徑，在其他條件都一樣的情況下，挑個機會較多的部門比較可行。尤瑟夫是個很好的例子，他先是成立了生態單位，因而衍生出其他事業成就，後來他還離開SAP去追求新機會。

這類風險與報酬之間的取捨，在各個商業領域都會面臨到，答案沒有對錯，不管你做什麼選擇，不僅要了解當今的權力何在，也要想想未來的權力走向，而這種預測能力是可能的，雖然不能百分之百準確預測，也不容易預測；對此可以採行的方法是：密切注意某個產業及其環境逐漸顯露的動能。

思科（Cisco）是網路設備的設計與製造公司，由美國史丹佛大學的電腦科學家創辦。這家公司內部的權力一開始是落在工程師身上，以及開發製造最初產品所需的技術專業人員身上，但是到了一九九四年，麥可．沃皮（Mike Volpi）從商學院畢業，拒絕了麥肯錫企管顧問公司（McKinsey）、貝恩管理顧問公司（Bain）和微軟（Microsoft）的工作邀約，加入思科的業務開發部門，這時才逐漸清楚，思科無法開發出所有必要的技術來維持市場龍頭地位，也不會這麼做。當時職掌思科的約翰・摩格里奇（John Morgridge）已經進行第一筆大收購，在一九九三年買下漸強通訊公司（Crescendo Communications），沒多久之後，思科開始忙著收購，從一九九三年到二〇〇〇年總共買下七十家公司。到二〇〇一年，沃皮和他的商業開發團隊買進來的公司，為思科貢獻了四成的營收。

在思科等公司，收購屬於業務開發的範疇，沃皮培養內部人員的技能，減少對外部顧問（例如投資銀行）的依賴，以此增強這個部門的權力。短短時間內，沃皮和他的同事就在思科取得龐大權力，到了二〇〇〇年代，他成為思科四大高層之一，即使他的年紀相對很輕，在科技方面的經驗又不多。其他幾位具有銀行或企管顧問背景的高層，早在業務開發團隊崛起之初就加入，也正好躬逢其盛。要抓住這個機會，必須先了解思科有向外收購技術的需求，以及思科得謹慎跨出一開始的步伐才能一路收購下去。一九九四年，思科的業務開發團隊只有兩人，沃皮加入後，這個快速擴張的部門讓他得以大量曝光於高階主管和董事會面前（所有收購案都必須經過高階主管和董事會討論，做最後拍板定案）。要是加入的時間比較晚，獲得的事業優勢可能就比較少。

在這一章，我們探討了各個部門的權力有哪些不同、為何不同，也提到了你該如何開發自己的權力基礎。下一章將討論，一旦決定自己未來的走向之後，該如何得到你想要的工作或機會。

第4章 成為最引人注目的那一個

現在已經成為暢銷書作家、行銷專家、明星講師的啟斯・法拉利，一九九二年從哈佛商學業畢業的時候，兩大企管顧問公司麥肯錫和德勤（Deloitte）都想網羅他。德勤前任執行長派特・羅康多（Pat Loconto）回憶，法拉利答應要來上班之前，堅持要見見德勤的「頭頭」。於是，羅康多在紐約市一家義大利餐廳見了法拉利，「我們在餐廳喝了幾杯酒之後，法拉利說他願意來上班，不過有個條件：他和我每一年都要在這家餐廳共進一頓晚餐。所以我就答應每年跟他吃一頓晚餐，這就是我們網羅他的方式。那是他的技巧之一，如此一來他就保證一定能『上達天聽』。」

不是很多人都有這種膽量，敢要求和可能雇用自己的老闆見一面，更少人敢開口要求老闆每年與他們共進一次晚餐，因為害怕被拒絕，害怕給人自大或魯莽的印象，害怕徒生事端，另外還有一個原因：一般人都不會這麼做。在第三章，我們討論了你必須知道自己想去哪——你想進入哪個部門？你適合走哪一條路來爭取權力？不過更重要的是，**要主動爭取自己要的東西**。法拉利的故事以及本章提到的研究會告訴我們，要展開事業，你得先去要求、有意願去要求，還有，你要學會凸顯自己。人常常不主動要求自己想要的，也害怕自己太過與眾不同，因為擔心別人會不滿或不喜歡自己的行為、被人認為太有野心。**你必須擺脫想要人見人愛的念頭，也不要再以為受人喜歡是通往權力的必要條件**，另外，你必須強迫自己積極往前，如果你自己都不積極去做，誰會幫你呢？

已故的雷金納・路易斯（Reginald Lewis）是個優秀的非裔美籍企業律師，是TLC融資購併集團的創辦人。TLC在一九八〇年代初期買下麥考裁縫樣板公司（McCall Pattern Company），經過路易斯的努力經營，公司起死回生，股東拿回投資金額的九十倍。TLC後來買下貝特里斯公司（Beatrice Foods），打造出第一家由黑人經營、營收超過十億美元的公司，也讓路易斯躋身美國富豪之一。不過在一九六五年的時候，路易斯在非裔美國人商業圈並不是特別突出的人物，當時他還沒拿到哈佛的國際法學位，馬里蘭州的非裔美國人博物館也還沒有以他的名字為名，他只是出身巴爾的摩一個貧困地區的年輕小伙子，即將從維吉尼亞州立大學畢業，一心想進入哈佛法學院。那年夏天，他參加哈佛法學院一個由洛克斐勒基金會贊助的課程，這個課程是專為有潛力的大學生所設，目的是要引起他們對法律的興趣，並協助他們申請學校，唯一的問題是：這個課程有個規定，所有參加者都不會獲得哈佛法學院的入學許可。再者，路易斯還沒去考LSAT（Law School Aptitude Test，法學院入學能力測驗），也沒向哈佛法學院提出申請，但他卻希望那年秋天能進入哈佛。

路易斯不僅在這個夏季課程表現優異，投入很多心力，在模擬法庭的表現也很突出，甚至三十年後都還有教授對他的表現津津樂道，他還見了哈佛法學院一位教授，接著又見了入學委員會的院長。與哈佛校方人員見面時，路易斯強烈表達自己的主張：「雷金納．路易斯和哈佛法學院之間如果有所連結，對雙方都有利。」暑假結束後，路易斯獲得哈佛法學院的入學許可，成為哈佛法學院有史以來第一位沒填申請表就獲得入學許可的人。

路易斯和法拉利都明白，主動要求的後果，最糟糕的狀況頂多就是被拒絕罷了，就算真的被拒絕，那又如何呢？開口要求，不會比不開口要求還糟。如果沒開口要求或是開了口但被拒絕，當然就不能如願以償，但至少開口就有希望。有些人確實認為開口要求會壞事（認為大膽的行徑會冒犯對方，給對方留下「壞印象」），但應該不至於如此，凸顯自己是很值得一試的風險。接下來，我們將在文中看到這一點。

提出你的要求

主動要求通常很管用。看了法拉利的例子之後，我班上一個同學決定起而效尤，去要求要網羅他的英國顧問公司每年跟他吃一頓飯，那家公司的執行長不但同意，還提議每個月吃一頓午餐，甚至主動說要當他的師父，教他公司大小事。還有一個人名叫羅根，在德勤顧問公司工作時，正值德勤在進行重整。羅根是個很有能力的人，在亞特蘭大分公司名聲很好，他即將有個新上司，新上司完全不認識他。新上司打算進城和每個人見面三十分鐘，彼此認識一下，於是羅根打電話給他說：反正他一定得吃午餐，不如就一起吃吧？新上司同意，羅根利用這個機會開始跟新上司建立一段正面的私人情誼。

別低估說「不」的代價

人常常會避免開口求助。一來，這有違美國人向來強調的自立自強。二來，人們很怕被拒絕，因為可能會傷到自尊。第三，人往往以為對方答應的可能性很低，所以不願開口求助。「一年開一次會或共進一頓晚餐這種事想必一定會被拒絕，幹麼多事開口問呢？」其實，大家都低估了別人答應的可能性，往往只擔心自己的請求會給對方帶來麻煩，而不去想，如果對方拒絕的話其實也得付出代價。**拒絕別人的請求，其實有違一種大家不明講、符合社會期待的行為準則：行善。**有誰寧願被視為小氣嗎？此外，當面拒絕別人會很尷尬。我們從小就被教導要慷慨大方，所以幾乎都會二話不說就答應別人的請求，更何況還能強化自己的權勢地位，何樂而不為？主動教導他人或替他人開門，不僅會讓人仰賴你、報答你，還意味著你有能力幫助人，也就是說你有權力。

商學院教授法蘭克．弗林（Frank Flynn）和他的一位博士生凡妮莎．雷克（Vanessa Lake）做過一項調查，研究人們會多麼低估別人答應請求，這一連串研究說明了請人幫忙到底有多彆扭。其中一次研究中，要求受試者先評估一下，他們必須求助幾個陌生人才能順利找到五個人願意填一份簡短問卷，受試者估計大約需要詢問二十人。但實地開始找人來填問卷之後發現，平均只需要詢問十人左右。看來，請陌生人幫個小忙實在太彆扭了，所以甚至有五分之一受試者中途放棄，這個比例比一般的實驗高很多，在一般實驗中，受試者只要答應參加就幾乎一定會完成。

另一次研究中，受試者預估，必須問十個陌生人才能借到手機（整個實驗必須找到三人答應借手機才算完成），結果，他們只問了六．二人就完成任務。此外，受試者得詢問多少人，才能找到願意陪他們走到三條街遠的哥倫比亞大學體育館？針對這項實驗，受試者對人數的估計也過高，他們以為要問七個人，結果平均只需要問二．三人。同樣地，請陌生人帶路到哥大體育館顯然實在太彆扭，有二成五以上的受試者中途放棄。

弗林和雷克的研究證明：人們很不擅長預測他人的行為，我們很難站在別人的立場看世界。他們的研究還證明：要求別人幫個小忙真的很彆扭。

向人求助也是一種恭維

主動要求為什麼管用？一個原因是：如果有人要求我們提供建議或幫助，我們會覺得是別人看得起我們。有人請我們幫忙（特別是有能力的人請我們幫忙），最能讓我們自我肯定、自我感覺良好。歐巴馬進入參議院時，就是靠到處求助來建立人脈的。他大概向三分之一的參議員請教過意見，也跟民主黨前任參議院黨鞭湯姆．達希爾（Tom Daschle）、泰德．

甘迺迪（Ted Kennedy，他擔任參議員長達四十七年，是甘迺迪家族最為人熟知的一員）、共和黨參議員理查・盧卡爾（Richard Lugar）建立師徒情誼。《紐約時報》一篇描述歐巴馬的文章提到：「他虛心受教的態度，讓他深受其他議員喜愛。」只要盡量把你的請求變得更像在恭維，對方就更可能點頭如搗蒜了。

伊三・古塔（Ishan Gupta）是個前途看好的年輕人，他與人創辦了亞平知識解決方案公司（Appin Knowledge Solutions），是印度一家科技訓練機構。我認識他的時候，他重拾書本念商學院，因為他在亞平權力鬥爭失敗。當時他只有二十幾歲，即將畢業，卻碰上二〇〇九年經濟衰退，就業市場艱困異常，但卻已經有好幾個工作在等他點頭。原來古塔早就建立起廣泛人脈，把自己塑造成逐漸嶄露頭角的幹才（尤其在印度），他的方法是：寫一本有關創業的書。印度雖然有很多成功的大型高科技公司，像是Infosys和Wipro，不過創業文化卻不興盛。

古塔的書精采之處並不是內容，而是書裡替他背書的人。前言是沙比爾・巴蒂亞（Sabeer Bhatia）所寫，他是Hotmail的創辦人（微軟在一九九八年買下這套免費的電子郵件系統，謠傳金額高達數十億美元）；書的封底把古塔和另一位作者的照片分別放在阿布杜爾・卡蘭博士（Dr. A. P. J. Abdul Kalam）的兩側，書的封面也有卡蘭博士寫的一段推薦文

（古塔的書出版時，卡蘭博士是印度總統）。書裡有十八篇非常非常短的章節，分別出自印度數一數二的創業家之手，想必他們跟古塔已經相當熟識，甚至願意執筆替他寫些東西。古塔告訴我，他去請求幫忙背書的人當中，只有四、五位拒絕他，而他第一次去找他們的時候，一個都不認識。

古塔的策略很簡單：**先決定要找哪些人，然後用可以增強他們自尊的方法來請他們幫忙。**當然，只要有一些知名人物答應幫忙，接下來去找的人就會覺得與有榮焉。古塔的話術裡特別強調，這本以創業為主題的書對印度的經濟發展非常重要，而他找的這些人又都是成功的創業家，有很多智慧和建議可以分享，必定能對別人產生莫大幫助。

他告訴這些人，他也是個創業者，和他們很多人一樣畢業於印度理工學院（Indian Institute of Technology），還告訴他們，他了解創業的風險，知道在當時的印度社會創業是一件罕見又需要勇氣的事。然後，古塔再獻上最終極的恭維，告訴這些推薦人，他是個無名小卒，沒有人會把他的書當一回事，書中可能有所疏漏，但是只要有了他們的幫忙，這本書會更完美，也能吸引更多人來看。另外，古塔為了減少他們的麻煩，他請推薦人只要寫幾百個字就好，只要寫出最重要的建議即可。於是，每個人都樂於給點建議，因為這代表自己是個智者，而古塔很高明地達到了自己的目的。

古塔很聰明地提到，他也是創業者，也是印度理工學院畢業的工程師——只不過他不像那些人那麼成功。這個策略很管用，因為研究顯示，人們比較容易答應跟自己有共同點的人所提出的要求，即使這個共同點其實很薄弱。根據實驗，如果受試者相信某人的生日和自己相同，就有將近兩倍的機率會答應那個人的要求，或閱讀那個人寫的八頁英文論文，然後隔天給他一頁的批評指教。還有一項研究顯示，如果人們相信募款者跟自己同名，那麼捐款的金額會多一倍。

如果你找某人幫忙找工作、幫忙替書寫推薦文、幫忙提供建議，想必你是因為這個人的資歷和經驗才挑上他，所以提出請求的時候，務必要表現出你知道他們的重要性，知道他們的聰明才智。社會心理學家羅伯特．席爾迪尼（Robert Cialdini）在他的暢銷書《透視影響力》（*Influence*）中提到，研究顯示，有效的恭維可以讓別人站在你這邊。向人求助本身就是一種恭維，如果用對方法，效果就更佳，也就是說，務必要強調對方的重要性與成就，同時要提醒對方你跟他有何共同點。

別害怕「引人注目」

組織內有很多競爭——為工作、為升遷、為權力。成功不僅要靠自己努力，也要看你有沒有能力讓有權力的人（例如老闆）拉你一把、樂見你成功。如果希望別人雇用你、拔擢你，就得先讓他們注意到你，所以你必須做些能凸顯自己的事，而要做到這一點，要先擺脫「凸出來的釘子會被榔頭狠狠敲下去」的觀念，以及一再聽到的其他類似警語，免得你潛意識中就羞於彰顯自己的優點或成就。換句話說，必須建立自己的個人品牌、推銷自己，不要害羞。

美國歐巴馬總統挑選希拉蕊擔任國務卿時，希拉蕊是紐約選出來的參議員，所以紐約州長大衛．派特森（David Patterson）必須指派一個人來遞補希拉蕊留下的參議員空缺。一開始，幾乎每個人都認為鐵定是卡洛琳．甘迺迪（Caroline Kennedy，遇刺身亡的前美國總統甘迺迪之女，長期住在紐約，一向積極參與紐約的學校事務以及各項公益活動，例如擔任非營利機構董事）。在此之前，卡洛琳一直想過平常生活，完全不想成為眾人焦點，更遑論隨之而來的監督。她甚至不想加入這場參議員角逐混戰，對競選活動（推銷自己）更是興趣缺缺。雖然最後基於種種原因，卡洛琳決定從角逐名單中除名，不過，跟她有私交的政治電視評論員勞倫斯・歐唐納（Lawrence O’ Donnell）說：「我們大多數人都有謙虛的本能，不願意自吹自擂，不過我們應該學習去抗拒這種人性本能，應該要學習大聲說：『我是最優秀的，所以你們需要我來擔任這份工作。』而且要毫不遲疑地說出來。」

很多人認為，等到自己成功了、有權利「與眾不同」了，就會放膽做些凸顯自己的事。不過，等到你成功、有權勢了，根本就不需要再去凸顯自己或擔心別人的競爭，反而是事業起步時才需要努力謀求一份職位，努力讓自己鶴立雞群。

亨利・季辛吉（Henry Kissinger）是諾貝爾和平獎得主，擔任過美國國務卿以及國家安全顧問，一九五〇年從哈佛畢業，一九四七年在哈佛就讀大二時，身邊同學個個都是天才。美國作家華特・艾薩克森（Walter Isaacson）替季辛吉寫的傳記裡寫道：季辛吉去找公共行政系的台柱威廉・艾略特（William Elliott），請他擔任指導教授。以季辛吉的成績來看，他的確有資格找知名教授來指導，不過他被艾略特刷掉，艾略特給了他二十五本書，告訴他，除非有辦法完成一篇很難的論文作業，否則就不必再來了。

季辛吉把二十五本書看完，也把論文完成，艾略特才收他為學生。最後證明，艾略特的指導對季辛吉的學術生涯有莫大幫助。後來，季辛吉寫了一篇長達三百八十三頁的論文，拿到優等，後來哈佛還特別規定，大學論文不准超過一百頁，俗稱「季辛吉條款」。就讀公共行政博士班時，季辛吉喜歡擺出資深教授的架式，他跟別人約時間時表現得好像他的時間很寶貴，而且總是遲到十五分鐘。這樣的行為以及他所表現的自大，當然不討同學喜歡，不過他打響了名號，不僅因為他本身的聰明才智，還因為他的行為與眾不同。

不過，「凸顯自己」的策略，適用於其他不像美國如此看重個人特質、如此粗枝大葉的國家嗎？當然適用。前面那個釘子警語是我在日本聽來的，在日本那樣的文化裡，索尼（Sony Corporation）創辦人之一盛田昭夫公然違逆傳統，身為長子的他，竟然拒絕接掌家裡的清酒生意，後來成為父親的他也打破窠臼，把孩子送到國外接受教育，另外，他還寫書大力讚揚美國商業的運作方式，惹惱日本眾多商界同僚；他甚至把索尼帶到美國股票上市，成為第一家在紐約證交所掛牌交易的日本公司；此外，他還做出比競爭對手更小、更方便攜帶的產品。本田宗一郎是本田汽車（Honda）的創辦人，他的詭異誇張是出了名的，員工如果沒把工作做好，他會拿工具往員工身上扔，他甚至到了七十幾歲還去跳傘。

還有一位日本人，長谷川喜一郎，他把Proudfoot打造成日本數一數二的管理顧問公司，我從他身上學到凸顯自己的智慧，即使是在（或者應該說尤其是在）「不被允許」的地方。Proudfoot的行銷活動常常打破傳統，像是在舉辦的奢華晚宴中，邀請日本美麗的女小提琴家到場表演。長谷川的行事風格很粗線條，直接把公司的問題大刺刺告訴客戶或潛在客戶，我問他為何老是用這種不尋常的方式，他說他的行銷策略是把人引誘過來，看看客戶或公司到底是做什麼的，而要做到這點，就得做些與眾不同的事，激起別人的好奇心和興趣。他認為，他和Proudfoot之所以成功，是因為他們的做事方法不同於日本傳統作法。

在廣告界，「凸顯出來讓人記得」就是所謂的「廣告記憶度」，這是衡量廣告是否有效的重要指標。如果用在產品上行得通，用在人身上當然也行得通，也就是說，你必須吸引人、叫人難忘，並且凸顯出來，讓人想認識你、接近你。

這個建議，以及本書其他很多建議，雖然有確確實實的研究根據，卻似乎違反傳統觀念，打破一般的行為準則。沒錯，就是要打破規則。暢銷作家麥爾坎．葛拉威爾（Malcolm Gladwell）有過非常深入的剖析：**規則往往對制定規則的人有利，而制定規則的人往往都是已經握有權力的人**。葛拉威爾舉出研究來證明：從運動場到戰場都一樣，遵守規則（也就是遵守傳統觀念）對已經有權力的人有利，而如果採取非傳統作法，就算是資源嚴重落後的弱勢者也能高唱凱旋之歌。

過去兩百年歷次戰爭中，對戰雙方如果實力相差懸殊，強者獲勝的機率大約七成二，然而倘若弱勢的一方明白自己的弱點何在，然後改弦易轍來降低弱點帶來的殺傷力，就有六成四的機率會獲勝，換句話說，強者一方獲勝的機會頓時腰斬。葛拉威爾說：「只要弱勢者不照著強者的規則來玩，就能贏。」所以，如果你已經大權在握，不但一定要照著規則來玩，還要鼓勵大家都照規則來，但是，如果你還在奮力往權力邁進，那些傳統觀念和「照規矩來」的玩意兒隨便聽聽就好。

誰說招人喜歡就能獲得權力

人有時會害怕開口要求、害怕採取讓自己凸顯出來的策略，原因是擔心自己不討人喜歡。研究大多顯示，人們比較願意為自己喜歡的人做事，討人喜歡是人際互動一項很重要的基礎，不過其中有兩個問題。第一，在這些研究中，雙方的權力地位相當，可全憑自己意志來決定要不要答應。第二，尼可洛．馬基維利（Niccolò di Bernardo dei Machiavelli，義大利文藝復興時期的重要人物）五百年前就在他的《君王論》（*The Prince*）指出：「每個人都希望受人喜愛也受人畏懼，但是如果非得擇一不可，想獲得權力的話就挑畏懼。」

馬基維利的忠告比社會心理學的研究早一步說明，我們是如何看待別人。那項研究發現，人們幾乎都會從兩個角度來評價他人：親切和能力。不過問題來了，想要看起來有能力，似乎凶悍一點比較有用，甚至要刻薄一點。哈佛商學院教授泰瑞莎．艾瑪拜爾（Teresa

Amabile）研究過人們對書評的反應。艾瑪拜爾發現，比起正面的書評家，負面的書評家會被認為比較聰明、有能力、專業，即使其他專家判定這些負面書評其實品質並沒有好到哪裡去。艾瑪拜爾那篇論文的標題「聰明但殘酷」（Brilliant but Cruel）說明了一切。其他研究也印證了她的發現：**好人會被視為親切，但是好心常常給人軟弱的印象，甚至缺乏智慧**。

康朵麗莎．萊斯（Condoleezza Rice）在前美國總統小布希政府擔任國家安全顧問，她在擔任公職之前，是在杰哈特．卡斯伯校長（President Gerhard Casper）帶領的史丹佛大學擔任教務長，她在史丹佛是個人人都不想得罪的人。作家傑可布．黑爾布魯（Jacob Heilbrunn）曾經寫道：「萊斯大砍種族優惠措施的預算，質疑擁護該項措施的人。她的直言風格招來很多學生和教職人員的敵意。萊斯跟她一位學生說，她的信條是，『別人或許一開始會反對你，不過一旦他們明白你可能會重創他們，他們就會站在你這邊。』」

招人喜歡「可能」會帶來權力，但權力「一定」會讓你招人喜歡

萊斯說得沒錯：「如果你有權力，也願意使用權力，人們就會站在你這邊，不只是因為他們害怕你傷害他們，還因為他們想接近你的權力來獲取成功。」有很多證據顯示，人們喜歡跟成功的機構或人攀親帶故，以沾染有權有勢者的光環來沾沾自喜。

幾年前，社會心理學家齊歐迪尼和同事對這種效應做了一項很好的研究。齊歐迪尼任教於亞利桑那州立大學（Arizona State University, ASU），該校有一流的美式足球校隊，但還算不上稱霸。一般來說，ASU在每個球季都會贏幾場，但沒法全贏，於是這個研究團隊就研究了一個問題：如果球隊在星期日贏球，星期一上學時，會有比較多學生穿上印有學校字樣的衣服嗎？他們發現，贏球之後，會有比較多學生穿上有學校顏色、字母、名字或其他印記的服飾，輸球之後則比較少。他們還發現，如果某個團體成功了，人們會比較願意用「我們」這個把自己也包含進去的代名詞來指稱那個團體，不過如果那個團體失敗就不會。

這項研究代表的意義是，除了你的魅力或能力之外，別人也會看你是不是「有勝算」，以便決定是否支持你。作家蓋瑞．魏思（Gary Weiss）在側寫提摩西．蓋特納（Timothy Geithner，當時即將接任紐約聯邦儲備銀行總裁）寫道：「政府與財務部門中有許多最知名的人物——前聯準會主席保羅．沃克爾（Paul Volcker）和艾倫．葛林斯潘（Alan Greenspan），以及美林證券當時的執行長沈約翰（John Thain），還有紐約聯邦儲備銀行前總裁傑拉德．柯瑞根（Gerald Corrigan），都非常高興，不斷透露這位年輕官員的可愛趣事。」不過到了二〇〇八年秋天就不一樣了，當時蓋特納是歐巴馬的財政部長，正陷入金融危機的風暴。魏思寫道：「當我為了寫這篇文章再去找這些人，想聽聽他們替這位四面楚歌的朋友講幾句辯護的話，結果得到的回答卻完全不是辯護。」

不是喜歡你才會與你聯絡

我去佛羅里達一場會議進行報告，在晚宴上，鄰座是一位一九九二年畢業的哈佛商學院校友。我問他認不認識法拉利（同樣是一九九二年從哈佛畢業），他的回答是：「當然認識。」他跟法拉利不熟，還說法拉利在他們班上不是很受歡迎。接下來我問他，他有沒有請法拉利替他公司做行銷顧問？他回答：「當然有。但喜不喜歡一個人，跟要不要請他來幫你做生意有什麼關係？只要考慮『他對你有沒有幫助？』就行了。」

這種「**把人際關係當成工具**」的看法並不罕見，也確實可能是在組織存活下去時所必要的。在克雷倫斯．湯馬斯（Clarence Thomas）被提名最高法院大法官的公聽會上，安妮塔．希爾（Anita Hill）出面指控他性騷擾，希爾一再被問的問題是：如果她真的覺得不舒服，而湯馬斯也真的對她行為不檢，為什麼她還繼續跟他保持關係？在《詭異的正義》（*Strange Justice*）一書中，珍．梅爾（Jane Mayer）和吉兒．愛伯森（Jill Abramson）提供了可能的答案：「希爾選擇繼續與湯馬斯保持關係，是因為對她的事業有幫助。湯馬斯是希爾工作領域內最有權勢的人之一（可說是最有權勢的非裔美國人），不管希爾喜不喜歡，她和湯馬斯在工作上必須有牽連（她是湯馬斯擔任法律教授時的助理），她可以假裝無所謂，也可以當成不堪的醜事，決定權完全在她。」

研究顯示，行為決定看法，也就是說，如果以某種方式行事，久而久之看法就會變成那個樣子。比方說，我們因為需要敵人的幫助而對他友善，久而久之就會感覺跟他之間的關係真的變友善了。有很多理論對這種效應做出說明，其中一個認為，人們會根據自己的行為來決定自己的想法，或者如同密西根大學教授卡爾．維克（Karl Weick）所說：「只要我說了什麼，我就知道自己在想什麼。」還有社會心理學家里昂．費斯汀格（Leon Festinger）的「認知失調論」，這套理論主張，人會自動避免不一致，而方法之一就是把自己的看法調整成跟自己的行為一致。這隱含的意思是，如果我們跟有權勢的人互動是因為需要他做些事或幫忙我們的事業，久而久之我們就會愈來愈喜歡他，或者至少會原諒他的無禮。我們在挑選要跟誰往來時，這個人對我們的事業有沒有幫助，是個重要評估指標。

人總是容易忘記、容易原諒

享樂主義常被拿來解釋許多個人行為，趨樂避苦是人類天生本能，我們的記憶和人際關係也是如此，因此久而久之我們會忘記一些痛苦往來的細節，就像女性告訴我，她們會忘記生小孩的痛苦。還有，儘管我們會記得「手術讓我們很痛」的事實，但這個記憶的強度和具體感覺很快就會消退。我們也會忘記別人施加在我們身上的輕蔑和傷害，尤其如果跟他們繼續往來的話會更容易忘記。此外，如果他們是有權勢的人，與他們繼續往來的可能性更大，久而久之，即使是最不合的兩人也可能變成好朋友。

一九二〇年代，羅伯特・摩西斯（Robert Moses，紐約市的建築大師和都市規劃家。摩西斯是三〇到六〇年代紐約市政府內最具影響力的官員，他大幅改變紐約地景，興建橋梁、隧道、公路，奠立現代化都市的雛型）的事業正開始起步，他接下紐約長島公園的委託案。他徵收一塊名為泰勒地產的土地，徵收過程有違憲之虞。一位名叫金斯藍・梅西（Kingsland Macy）的股票經紀人（同時是某公司的員工，那塊地對該公司有些利益），出面抗議摩西斯並告上法庭，他主張如果繼續任由摩西斯恣意妄為，每個人的房子都隨時可能被沒收。幾年後，梅西因這場對抗耗盡家財，最後只有退讓一途。後來梅西踏入政壇，以鐵腕作風主掌薩佛克郡共和黨委員會（Suffolk County Republican）數十年。這兩個曾經激烈對立的人，後來成了好朋友。美國作家羅伯特・卡洛（Robert Caro）在著作《權力掮客》（*The Power Broker*）寫道：

等到梅西一路攀到權位之後，需要他幫忙的摩西斯主動伸出友誼之手，梅西也接受了。儘管強硬個性常造成兩人衝突相向，不過原本是「政治權術門外漢」的這兩人，最後竟然成為相交三十多年的政治盟友，他們的交情甚至好到梅西在一九六二年受癌症折磨並知道自己不久人世時，摩西斯是他除了家人以外唯一想見的人。

「凸顯自己」可以幫你獲得工作和權力，主動開口要求自己要的東西，不要太在意別人對你的看法，這樣才有助於展開你的權力之路。不過，你得先有資源來獎勵朋友、懲罰敵人，需要有資訊和管道來助你崛起，所以接下來要討論如何得到資源，即使你看似一無所有還是有辦法。

第5章 誰擁有資源，誰就擁有權力：從無到有，創造資源

曾擔任兩屆舊金山市長的威利．布朗（Willie Brown，在擔任市長之前有長達十六年的時間是加州議會議長，議會幾乎完全在他掌控之下，是眾人眼中非常有效能的政治人物），他開始競選議會領袖時，就是靠著大筆募款，而且因為他「穩當選」，於是就把募來的錢分給其他議員同僚，幫助他們打贏選戰。布朗很明白一個重要原則：唯有「有策略地把資源分配給別人」來取得必要的支持，資源才稱得上是權力的來源。反觀當時加州議會的議長里歐．麥卡錫（Leo McCarthy），他就跟布朗完全相反，他在洛杉磯辦了一場募款，以泰德．甘迺迪為號召，募得五十萬美元，然後把所有錢都投入自己

剛起步的聯邦選舉，激怒民主黨同僚，搞得他們群起叛變，不久之後，麥卡錫就失業，被布朗給取代。

只要掌控金錢和工作的流向，自然就握有權力，幾乎所有組織都是如此。以政府機關來說，曾經擔任加州財政廳長的民主黨大老傑西．安朗（Jesse Unruh）就說過：在政治上，金錢是母奶。

記者在挖掘政府組織的權力內幕時，一向遵循一句格言：跟著錢追蹤。而且理由很充分：研究顯示，競選政治獻金會左右民意代表的投票行為，一來是民意代表會報答支持者，二來是政治行動委員會（political action committees，美國有很多大大小小的政治行動委員會，是民間組成的利益團體，他們會向大眾募款，再把錢捐給他們支持的候選人），會捐款給過去投票紀錄符合他們期待的民意代表。營利與非營利組織裡的權力生態亦是如此，誰或哪個部門掌控了資源，等於就握有重要的權力來源，這點在第三章提過。這種權力生態在金融機構也很明顯，如果公司的獲利有越來越多是來自交易部門，投資銀行部門的權力就會逐漸萎縮，也就是說，一直要等到交易部門讓公司陷入財務危機，權力才會再回到那些營收與獲利來源比較傳統、穩當、低風險的部門。

資源和權力息息相關的例子，在商場比比皆是，其中一個是，在調查執行長的薪水變化後，結果發現，公司規模會影響執行長的薪水，甚至比工作表現的影響還大。把好幾份相關研究整合來看，公司規模對薪資有四成的影響，而工作表現只有不到五%的影響。因此，執行長會一股腦拚命擴大公司規模，才不管會有什麼財務後果，他們的方法包括：與其他公司合併來創造更大的公司，不管一再有研究顯示大多數合併都會剝奪股東權益。公司規模與薪水之間的關聯，也向下延伸到員工；大學和非營利機構也有同樣的現象。

資源是很棒的東西，因為一旦擁有資源就必須加以維繫，而維繫的過程就等於進一步在壯大自己。公司如果愈大、資源愈多，執行長就越請得起昂貴的顧問，而這些顧問提出的薪酬建議也會有利於執行長。有錢人（或是可以掌控組織內部金錢的人），會被各種營利或非營利機構找去當董事，他們在董事會會遇到其他有事業、有投資點子以及有社經影響力的人，所以他們會更有錢、更有資源，因為他們可以取得第一手訊息和機會，而且有辦法進入其他組織擔任有力角色並認識其他重要人士。又或者，他們會被請去擔任顧問，或成為外交關係協會（Council on Foreign Relations，它是一個獨立、無黨派的會員組織，使命是讓成員和所有美國人民能更加了解世界，以及美國與他國面臨的外交政策選擇；當美國面臨外交政策選擇時，該組織被視為是值得信賴且必不可缺的資源），或世界經濟論壇（World

Economic Forum，總部位於瑞士日內瓦的非營利性基金會，董事會由商業、政治、學術界和民間社會的傑出領導人組成。宗旨是探討現今世界經濟所存在的問題並促進國際經濟合作與交流）這類精英組織的成員，這樣一來就能取得外界無法取得的消息和人脈，進一步建立自己的權力和聲譽。再說，最頂尖、最有才能的人都希望與有權力、有資源的人共事，因此，有能力取得重要資源的人就能聘請到這些聰明又努力的人，成功的機會又更大了。有個說法很老套，但很精確也很重要：權力和資源會帶來更多權力和資源。你的任務就是搞清楚該如何打進這個圈子。

資源是權力的來源，這句話有兩個簡單但重要的涵義。一，選擇工作時，要挑選能直接掌控預算或人員的職位，也就是能決定公司營收的第一線工作，一般來說，第一線工作掌握較多人才招募與預算規劃。乍看之下，SAP的尤瑟夫以及福特汽車裡那支財務團隊似乎違反這個原則，不過，福特汽車的財務部門有權分配資金給各個工廠以及新產品開發，而且決定薪水和升遷的考績也掌控在他們手中。而尤瑟夫的策略團隊則參與了SAP大部分重大決策，再加上其分析的中立性受到認可，所以對組織的決策有莫大影響力，而且，就是因為有這支策略團隊，尤瑟夫才有機會去成立生態團隊，他說他的職位替公司帶進大筆收入。

大部分獵人頭公司會告訴你，在其他條件都一樣的情況下，他們尋找高階經理人才時

（包括執行長），偏愛負責第一線生產運作的人，而且負責的部門愈大愈好。評估工作表現時，會考慮你直接和間接的部屬有多少人，還有手上可自行動用的預算有多少（不須經上司核可），以此來衡量你的權責大小以及你的工作有多少經濟價值。因此，掌控資源是通往權力很重要的一步。

第二個直接涵義是：職位，以及隨著職位而來的資源，會是權力的來源。一般人認為，人們之所以對某人順從與恭維，是因為那個人天生的才智、經驗和魅力。或許的確有這樣的例子，但並不常見，其實，一旦你退休或離開一個掌控大量資源的職位，別人對你的注意就會立刻大減。

我曾經跟一位創投公司資深合夥人共進午餐，當時她即將離開這家公司，結束這段長久又成功的職業生涯，打算多花時間陪伴家人。她說，她一宣布退休，同事對待她的態度立刻改變，不再邀請她開會，不再像過去一樣常常徵詢她的意見，高科技與創投圈的同僚也不再常常找她。她的智慧和經驗並沒有改變，唯一的差別是，她在那家創投公司掌有的投資資金與職位即將大幅縮減。傑佛瑞．索納菲（Jeffrey Sonnenfeld）在著作《英雄道別》（*The Hero's Farewell*）中，記錄許多執行長對自己的職位依依不捨，因為職位賜給他們大量的奉承與關注，他們難以放下。

你也許會說：「可是我才剛起步，沒有資源。」或是說：「我卡在中階主管職位，不上不下。」或是：「我身處在一個競爭激烈的環境，要晉升到有權力的位子很困難。要是我已經掌控很多工作和預算，就不必看書來學習如何獲取權力了，因為我早就已經有啦！」沒錯，不過別擔心，從無到有的例子非常多，這些成功的例子都知道，建立權力基礎就是一點一滴累積影響力和資源的過程，重點是，要有辦法看出別人沒看到的機會，或甚至自己創造機會，更重要的是，要有耐心和堅持來貫徹這些機會。

無中生有的方法

成為Google創辦人謝爾蓋．布林（Sergey Brin）或賴瑞．佩吉（Larry Page），或是當微軟的比爾．蓋茲（Bill Gates），應該會很不錯，因為他們走進世界經濟論壇會場時，身邊不只圍繞安全人員，還會有一堆想認識他們、接近他們、想與他們公司沾點邊的人。不過，你可以從現有職位開始努力。人常犯的一大錯誤就是，認為自己現有職位不可能建立資源庫，得先更上一層樓才行。其實，只要你建立了權力基礎，要更上一層樓會更容易，可能性也更大，而且絕對沒有「不可能」這回事，也永遠不嫌晚。

所謂的「資源」，就是人們想要或需要的東西，就是金錢、工作、訊息、社會支援和友誼、工作上的協助等。你永遠有機會可以提供這些東西給別人，來換取你需要的支持。不管用什麼方式協助，只要你幫了別人就牽涉到「互惠原則」，這套幾乎通行無阻的有力原則是這樣的：恩惠是必須報答的。不過，人並不會精確計算從別人那裡獲得的恩惠價值多少、據此來盤算該還多少，而是無形中會覺得有一份義務存在，必須還這份恩情不可，因此，即使只是幫點小忙，也可能獲得大回報。

一、給予關心和支持

有時候，只需要有禮貌、願意傾聽，就能建立一段讓人日後願意幫助你的友誼。布朗能竄升為加州議會的當權者，其中最不可思議的一點是，身為民主黨的他，竟然是靠著眾多保守派共和黨議員的支持才當上議長，那些議員當初是拜減稅方案之賜，才跟雷根總統一起席捲選票當選，而布朗最有名的事蹟卻是大力提倡立法鬆綁小量吸食大麻的懲罰，並主張同性關係合法化。一保守、一開明，政治主張南轅北轍的兩組人竟然產生交集，原因是，這些保守派共和黨議員聚在一起吃午餐時，談到當時擔任議會某個委員會主席的布朗對他們很公正，給他們發言機會、傾聽他們的訴求，甚至偶爾還會贊同他們。以禮待人是很有用的，因為人們很難跟有禮謙恭的人吵起來。

小事也可能影響重大，這類小事包括：如果想尋求某人的支持，就去參加他的生日宴會、跟他共進午餐、他生病時去探病或安慰他的家人。參議員泰德・甘迺迪是個旗幟鮮明的自由派，四十七年的參議員生涯當中，不斷致力於提倡自己所信仰的法案和理想。他有能力完成事情，而且即使是保守的民主黨人也有不少是他的好友，這些都要歸功於他友善、願意傾聽、願意花時間與他人共度他人心目中的重大場合。

所以，這裡要提供一個簡單且實用的建議：大多數人都喜歡談論自己，請給他們機會談自己。當個稱職的傾聽者，問問別人的感受，這是既簡單又有效的方法，你只須動用人人都有的資源——時間和注意力，就可以創造權力。另外還有一個建議：如果你現在並不是什麼有權有勢的人，那你大概有很多時間，請善用這些時間來善待別人，去參加對別人來說很重要的活動。

二、做重要的小事

人們會感激有人幫他們做一部分工作，尤其是無趣又瑣碎的工作，如果你要建立權力基礎，從這類工作開始著手準沒錯。後來成為CBS電視台總裁，在廣播電視圈呼風喚雨的法蘭克．史丹頓（Frank Stanton），一九三五年十月來到CBS時，是個擁有俄亥俄州立大學博士學位的二十七歲年輕人，他加入只有兩名員工的研究部門，雖然掌握的資源不多，但競爭也不多。七年後，史丹頓銜命擔任CBS副總裁，職掌已經成長到一百人的研究部門，同時負責廣告、行銷、公關、營建、營運和維護，還要監督公司旗下七個廣播電台。

莎莉．史密斯（Sally Bedell Smith，美國歷史傳記作家）在她描寫哲學家威廉．佩利（William Paley）和CBS的著作中，寫到史丹頓的崛起過程。史丹頓的策略是什麼？答案是**讓自己不可或缺**。方法是：盡量努力尋找任何可能引起高層興趣的訊息，像是哪些人會收聽各類廣播節目、以及為什麼收聽；CBS想進駐的辦公大樓屬於誰所有；各種媒體市場的閱聽人口統計資料；只要可能有用的資料都不拘。其實，這些資料都堆在CBS內部，等人來整理或查閱，但一直都沒有人肯費心去整理或調查，也沒人會去查公開資料，看看CBS想買下或租來設立電台的大樓屬於誰所有，而史丹頓願意放下身段做這些事來讓上司刮目相看，他提到：「如果高層問到我不知道的問題，我會先假裝略懂一些，然後飛奔下樓去查《世界百科》（*World Almanac*）……當時我手上的資料大概比麥迪遜大道的廣告公司還多，因為我一直把它留在我桌上。」

把小事攬下來做，可以讓你取得權力，因為一般人通常很懶或沒興趣去做看似微不足道

的小事。因此，如果你起身去做，而且做得非常好，不可能有人會質疑你，而這些看似微不足道的工作也可以成為權力的重要來源。

麥可一年後將從商學院畢業，已經在一家對沖基金找到工作，依照安排，他暑假會全職上班，其餘要去學校的日子則會與公司保持聯絡，然後一畢業就能開始全職工作。麥可是那年暑假中六位進入這家對沖基金的新人之一，但是跟其他五人比起來，有一點對他很不利：其他五人都已經完成學位，暑假結束後會繼續上班。麥可發現，執行合夥人很自然會多關注那五位全職的新人。暑假結束回到學校後，麥可決定，無論如何都要努力在公司建立起權力基礎。於是，他定期回公司見同事，以免「人沒出現就被遺忘」的效應發生，以多多曝光的方法來增加自己的優勢。然後，他攬下招募新進分析師的工作。在這類專業服務公司裡，招募分析師通常被視為必要之惡（新進分析師大多要負責瑣碎繁重又不討好的工作，幾年後八成都會重返學校拿另一個學位），因為整個招募過程曠日費時，讓人無法好好做自己分內的「正事」，而且招募來的人頂多在公司轉一圈就走人了。

當麥可收到公司執行長寄給全公司的電子郵件，要求找一天把所有最後考慮人選都找來面試時，他立刻回信說，因為他還在上學，比全職同事有空，很樂意接下這份工作。他著手開始安排招募流程，包括協調交通往返時程、擬定跟合夥人面談的時間表、籌備一場私下晚餐（他安排自己坐在桌子主位）。這件工作讓麥可成為招募過程的中心，跟高階合夥人也有更多的接觸（包括執行長在內），同時建立了很好的名聲，成為別人眼中積極任事的人（他還是個學生，根本沒有義務攬下這件事），所有被錄取的分析師都把他當成重要人物，而且必然會把自己求職成功一事與他聯想在一起。因此，即使還沒成為全職員工，麥可已經打響自己的名聲，還網羅到盟友。

凱倫加入一家大型網路服務公司時，她的背景是投資銀行和創投，因此她必須在一個比較科技取向、比較市場導向的公司建立權力基礎。老闆要她別把時間浪費在「小的」企劃案上，但是她沒有聽從建議，反而就是靠這個方法來了解公司的業務。她籌辦高峰會，邀請外面重要人士（公司因應業務需求而希望認識的人）來發表演講，她還邀請公司主管感興趣的知名人士。透過這些活動，她認識了跟這個行業有關和無關的人，也在徵詢公司內部意見時，與公司裡的人有所接觸。

三、善用機會建立資源

二十多年前，我認識阿丹的時候，他是一所私立大學勞工關係的主管，不過他有個雄心壯志：想成為大學校長。他雖然有博士學位，也發表過幾篇文章談論高等教育，不過，勞工關係或人力資源這類職位顯然不是學術界高階行政職的跳板。阿丹心知肚明，如果想完成夢想，就得轉到其他行政職，例如教務長。問題是，該如何善用他目前的角色，取得有用的資源來建立權力基礎？

跟大多數專業人士一樣，阿丹是一個專業協會的成員——大學人事協會（College and University Personnel Association）。該協會每年集會一次，會請人來演講或展演。阿丹自願協助舉辦這些活動，久而久之便逐漸在協會裡竄起，先是當上研究副會長，負責安排協會的計畫，後來還當上會長。擔任這個領導職務時，他有機會認識銷售勞退基金和其他人資產品給大學的公司，也有機會邀請他想尋求支持的人來演講（會付費給他們），並且認識學術行政圈許多資深前輩。最後，他真的當上教務長，目前在一所州立大學擔任研究副校長，現在看來，他當上大學校長已經是遲早的事，因為他知道如何找到資源、善用資源。

伊凡進入一家名聲顯赫的管理顧問公司，擔任低階顧問。伊凡知道公司希望經手更多公家單位和政府政策相關的工作，於是他自告奮勇願意替公司舉辦一系列座談，但是他得投入額外的心力，因為他還有分內的顧問工作必須處理。他做的事是公司重視的，因此他成功說服公司合夥人給他一筆預算，讓他去邀請可以協助公司在公部門建立人脈的人。也就是說，伊凡這個角色等於握有了資源，可以跟外面有影響力的人培養關係，而被邀請來演講的人一方面覺得很榮幸（因為這家公司名氣響亮），一方面也很感謝（因為有酬勞可拿）。

四、利用關係居中牽線，創造屬於你的資源

如果你隸屬的機構很有名望地位，你可以把這樣的名望地位轉化成你的優勢。史丹佛大學的Sloan課程是為期一年的管理碩士課程，有點類似MBA，只不過是專為在職的高階經理人設立。有些人是公司補助來上課，也就是說，公司在他們身上投資了一大筆錢讓他們進修，不過同時意味著，這些高階經理人必須離開公司一年去唸書。吉姆是一家大型電腦製造商的營運主管，由於他就讀這所名校，所以他得到上司最高的考績評分（只有一成五的員工和他一樣得到「特優」），儘管他這一年根本沒有進公司工作。

除了藉分享學習成果之名與上司保持聯繫之外，吉姆還知道上司（姑且稱之為阿肯）希望有機會到商學院教課。吉姆很幸運，管理會計有一堂課討論到管理費用，恰巧是拿吉姆的公司來當個案討論，這個千載難逢的機會正好可以讓吉姆創造資源，把上司阿肯和會計學教授湊在一起，阿肯一心想到商學院教課，而教授則很感激個案討論的主角可以到課堂上現身說法，雙方皆大歡喜。

吉姆很巧妙地讓阿肯相信，雖然阿肯大可自己毛遂自薦要求去講課，不過教授不見得買

帳。吉姆開玩笑告訴阿肯，如果他能成功讓阿肯在那堂會計課擔任客座講師，等到他念完這一年的書，阿肯也要幫他找機會直接到執行長手下做事，阿肯回答：「沒問題。」結果，阿肯順利當上那堂課的講師，出於感激，阿肯給了吉姆特優的考績。

這類例子很多，有許多人真的幾乎是從無到有創造出資源，相當厲害。

一九七一年，克勞斯．史瓦布（Klaus Schwab）三十二歲，剛從瑞士一所大學拿到經濟學與工程學的博士，他大可走上傳統的學術路線，做研究、寫書，但他反而看到一個機會，催生出歐洲商業論壇（European Business Forum），與會者都是對美國經濟日漸崛起感到憂心忡忡的歐洲商界大老。從這個小小的起點，逐漸發展成世界經濟論壇（World Economic Forum, WEF）——一個以史瓦布為首、員工上百位、在全世界各地舉辦會議的組織。世界經濟論壇每年的預算超過一億美元，史瓦布的太太和兒子都是董事，也參與組織運作，而且由於這個論壇已具有領導地位，史瓦布一共獲得六個榮譽博士學位，還有好幾個酬勞優渥的企業董事職位。

雖然記者、學術界人士、非營利機構領袖可以免費與會，但企業要付一大筆錢——必須付約三萬九千美元才能成為世界經濟論壇的會員，然後再付兩萬美元才能參加每年在達沃斯（Davos）舉辦的年會（年會中有分組討論，分別由政界、商界、藝術界傑出人士發表專題，另外還有很多私下會談和晚宴）。史瓦布看出，全球政商領袖需要有個論壇來交換意見，以及有個方便的場所來做生意，而媒體需要有個機會接觸這些領袖，普羅大眾也需要知道這些領袖對瞬息萬變的經濟情勢與社會議題有何看法。世界經濟論壇一位前任執行總裁說得好：「接觸的終極意義就是合約。」

誰掌控了別人得不到的資源，誰就取得權力。大從世界經濟論壇，小至前面提到的凱倫在網路公司籌辦的高峰會，這些在在證明，搶得先機者通常會獨占市場。世界經濟論壇是把各方有權有勢人士集合在一起的絕佳場所，但這些人並不希望這類會議有很多，也不需要，因為他們時間有限。而凱倫一旦開始籌辦她的高峰會，或是伊凡開始請公家部門相關人員來公司演講，別人就沒有仿效的空間了，就算有人投入競爭，也幾乎不可能動搖凱倫和伊凡的龍頭地位。所以，如果你能洞察先機，就仿照這些例子準沒錯。

主動發起一些活動來創造資源，像是找人來演講、籌辦會議、居中牽線、打造一個場合讓人方便彼此認識、學習有趣的東西、做生意，不僅別人會感激你的努力，同時你又能創造資源，幫助自己通往權力。

要把人集合在一起，你就得扮演中間人的角色，成為社交網絡的中心。打造人脈是很重要的技巧，而你所打造出來的人脈是創造影響力的重要因素，我們將在下一章討論。

第6章 關係，永恆的王道：打造有效且有力的人脈

一九八〇年代，海蒂・羅森（Heidi Roizen）是T/Maker試算表軟體公司執行長，也是軟體出版者協會（Software Publishers Association）會長。她的公司在一九九〇年代被收購之後，她到蘋果電腦擔任全球軟體開發商關係的副總，離開蘋果後，成為Softbank創投的合夥人（Softbank創投後來變成Mobius創投），進入許多高科技公司的董事會，執行投資決策，決定該金援哪些公司和哪些技術。她在軟體與高科技產業的職業生涯沒什麼稀奇之處，不過，如果你知道她大學主修創意寫作，碩士念的是企管，不是電腦、工程或數學，你大概就會對她的成就感到驚訝了。羅森的成功是奠基於她的聰明才智和

商業能力，再加上她有能力在公司內外打造出策略性社交關係（也就是人脈）。她大學畢業後第一份工作是在Tandem電腦公司負責編輯公司內部刊物，因為工作需要，她必須與全公司上下的人接觸，包括高階主管，然後他們慢慢認識她，欣賞她的能力。

羅森是哈佛商學院個案討論的主角之一，她常被拿來做例子，證明人脈結交能力是成功的基礎。課堂上的學生常常感到不解，甚至抓狂，為何一個毫無科技背景的人能夠在重要的軟體公司出任高階主管，甚至主導整個科技產業的走向？撇開羅森極為高竿的生意手腕不談，大家都忽略了一個重點：有些工作其實就是靠人脈，只要能培養更有效且更有力的人脈網絡、好好磨練人脈技巧，不管是誰都可以從中受惠。

什麼是人脈？

如果要談打造人脈，最好先做個定義，在定義過程中會描述到一些行為，正好可以讓各位想一想其中哪些是自己該加強的。漢斯紀伍格·沃夫（Hans-Georg Wolff）和克勞斯·摩瑟（Klaus Moser）這兩位德國教授為結交人脈下了一個很好的定義：「結交人脈是一種行為，目標是：建立、維繫、運用非正式的關係（這些關係可能有利於工作）；方法是：主動去取得資源並且把這些資源的好處極大化。」他們在德國對兩百多人進行研究，歸納出結交人脈的作法，並將它分等級，從中可看出哪些是絕對必要的：

◆與內部人接觸，例如：利用公司活動來認識人。
◆維繫內部人脈，例如：去了解其他部門同事都做些什麼。
◆善用內部人脈，例如：利用與其他部門同事的往來，打探一些公事上的機密。
◆與外部人接觸，例如：接受邀請去參加與工作相關的會議或慶祝活動。
◆維繫外部人脈，例如：請別人代我向公司以外有公事往來的朋友問好。
◆善用外部人脈，例如：跟其他公司的人交換專業上的竅門和建議。

必須透過不斷建立、維繫、善用與他人的往來，才能廣結人脈，如果只專注於眼前的工作和公司，你想結交的人不見得會出現在你的視線範圍內。

關係，是組織成功的保證

羅森做過的職位，包括蘋果電腦的軟體開發商關係主管以及創投公司，基本上都是把原本不可能接觸到的各路人馬湊在一起。創投就是扮演橋梁的角色，一方是有錢要投資的金主或公司，一方是有生意點子但需要資金的創業者。創投的角色還包括，幫新創公司找人才（有時還要幫忙找生意夥伴）來做經銷或產品開發，因此廣大的人脈資源非常重要。羅森在蘋果電腦的工作，是把軟體開發圈和蘋果電腦公司湊在一起，因為蘋果需要仰賴開發商開發出軟體來讓蘋果電腦更好用，蘋果電腦在市場上才賣得掉。

一般來說，在人脈網絡中位階較高者，就必須充當各個不同組織之間的橋梁，居中牽線撮合交易，建立關係來影響決策。傑克．瓦倫提（Jack Valenti）一九六六年卸下白宮幕僚一職，去擔任美國電影協會會長，他可以提供電影公司需要的政治管道，讓電影公司省去電檢的麻煩，也可協助電影公司跟外國政府打交道，解決商業問題（包括把投資的資金拿回來）；另一方面，他還可以替民主黨和老闆詹森總統敲開好萊塢大門，為他們募得龐大政治獻金。後來瓦倫提下台後，繼任者是丹．葛里克曼（Dan Glickman），他曾經是堪薩斯州眾議員，曾在柯林頓政府擔任過農業部長，又是一位與華府關係密切的民主黨政治人物。

美國藥品研究與製造商協會（The Pharmaceutical Research and Manufacturers of America, PhRMA）跟共和黨走得比較近，是美國製藥公司的代表人。製藥產業面臨很多政治難題，包括要阻擋加拿大藥品進口，以及能繼續做廣告向消費者直接宣傳處方藥。PhRMA在二〇〇五年任命路易斯安那州的比利．陶辛（Billy Tauzin）擔任總裁，陶辛從一九八〇年就開始擔任眾議員，期間還擔任共和黨黨團領袖及能源商務委員會主席，對製藥產業負有監督責任。其實，陶辛已經幫過製藥產業了，他在布希政府任內領銜通過健保擴大法案，把藥物費用包含在健保給付範圍內。

人脈技巧不只對公部門或跨公司的交易撮合很重要，在公司內部，產品經理的職責就是把各個團隊召集起來，共同讓某個ＩＴ企劃案順利推動，或是成功經營某個消費產品。許多領導職的核心任務，就是把能力與觀點各不相同的人馬聚集起來，共同完成一項任務或一筆交易。

人脈是職涯發展的重要決定因素

人脈（有時稱為社會資本）的重要程度，多多少少會依工作不同而有差異，不過證據顯示，人脈對每個人的事業都很重要。有許多研究顯示，人脈會讓人獲得優良考績，會影響薪水和位階這類衡量事業成就的客觀標準，也會影響自己對成就感的主觀認定。但是這些研究有個問題，他們都把人脈和成就同時放在一起考慮，無法看出到底哪個是因、哪個是果，比方說，成功人士的人脈較廣，但他們的人脈很可能不是他們成功的原因，而是結果，因為很多人想接近他們，想從他們的身分地位沾點好處。因此，沃夫和摩瑟這兩位德國教授的研究更顯得有價值，因為他們的研究是根據長期的追蹤。他們先在二〇〇一年找出結交人脈的行為模式，然後從二〇〇二年底到二〇〇三年進行追蹤調查，他們研究德國兩百多位勞工，以薪水和事業成就感量尺來衡量所謂的成功。結果顯示，**人脈會影響事業成就感、薪水、薪水的長期增長，而結交人脈最重要的兩個方式是：「維繫外部人脈」以及「與內部人接觸」**。

還有一個長期追蹤的調查，探究結交人脈的能力對事業有無幫助，是義大利商學院教授阿納多．卡穆佛（Arnaldo Camuffo）和同事所做，他們想評估MBA教育的效用，方法是調查MBA在職專班畢業的人有何境遇，由學生自己和同學，還有客觀第三者（透過結構式訪談，這是常用的調查模式，每位受訪者被問到的問題都一模一樣，順序也一樣，以達到較不失真的比較基準），來替這些學生的能力打分數。研究顯示，能力的確會影響事業成就（如果以薪水和升遷來衡量成就的話）。這項研究還顯示人脈是第二重要的能力，僅次於科技能力。這項研究再加上德國和澳洲的研究，證明在美國以外的地方亦是如此：人脈在商界很重要。

前面討論過至少一種可以創造人脈的方法：凸顯自己。如果別人完全不記得你，就別奢望他們會挑選你擔任專業顧問、主管，或雇用你。靠曝光來贏得喜愛、被人挑選出來，是很重要的，研究的證明也的確如此。人脈可以讓你接觸更多人，讓你與這些人保持聯繫，一旦他們需要建議、想找個投資夥伴、想找人來擔任某個職位，就比較有可能想到你。因此，有力的人脈會形成良性循環。人脈會讓你的能見度增加，能見度增加會提高你的權力和地位，而權力地位一提高，就更容易建立人脈、維繫人脈。

人脈關係技能是可以學習與提升的

每個人各有不同程度的社交技能，對於如何消磨時間也各有偏好，不過，有證據顯示，人可以經由學習來診斷人脈網絡，更有效地開發自己的社會資本，對自己的事業產生正面影響。芝加哥大學教授羅納德．伯特（Ronald Burt）和雷神公司（Raytheon Company）共同開發出一套高階經理人教育課程，名稱是「商業領袖課程」，裡頭非常著重人脈部分。雷神公司是一家大型的電子國防包商，他們正面臨「如何整合旗下各自為政的公司以及產品方案」。商業領袖課程專門提供給執行高層與副總等人，增強他們跨部門完成事情的能力。

訓練成效如何很難評估，因為實際上，去上昂貴的高階經理人開發課程的人並不是隨機選出的，通常是越高階、越資深、越有能力的人才會被挑選去參加，而一般來說，這些人在各項指標的表現本來就比較好，所以無法忠實反映出課程的效果。為了解決這個問題，研究人員計算出一個等式，預估哪些人會被選上來參加課程，然後他們找出一個控制組，這些人有資格參加但並沒有參加，於是研究人員就可以把上課者的學習成效拿來與沒上課的人、以及沒資格上課的人相比。

來參加課程並學會診斷人脈、運用人脈的人，考績分數比控制組高了三成五。來上課的人日後升職的可能性也多了四成三，而且離職的機率少了四成二。這些結果，再加上上課的人考績變得更好、診斷人脈的能力更強，在在證明培養社會資本的能力是可以加強的。

打造人脈需要的不是時間，而是規劃

既然建立人脈對工作表現和事業成功這麼有幫助，馬上就讓人想到一個問題：為什麼有些人不怎麼想要投入時間和注意力來打造人脈呢？一個答案是，他們認為這需要投注很大的心力，另一個可能性是，有些人覺得這件事很令人反感，因為他們認為，純粹出於功利目的來與人交往是不真誠的。第三個答案是，大家低估了人脈的重要性，高估了工作表現的重要性，以為工作表現可以帶來事業成功。證據顯示，人脈會影響事業的進展，所以你得先克服自己的心理障礙，不要再認為略施策略來推展事業是不對的。

其實，建立人脈並不需要花太多時間和努力，主要是要花心思和規劃。法拉利有一本書的書名就點出了重點：《別自個兒用餐》（*Never Eat Alone*）。反正每個人都一定要吃飯、運動，何不趁此機會擴展人脈？法拉利滿四十歲的時候，他不只有一個生日派對，而是有七個，分別在美國七個不同的城市，由七位不同的朋友主辦，慶生會成了延續舊有人脈和建立新人脈的絕佳機會。羅森跟別人一樣，每逢耶誕節會寄出附有家人照片和故事的賀卡，唯一的差別是：她大約寄出七百張。她拿著原版樣張去印刷，並告訴老闆她要的份數時，老闆的反應是：「小姐，不可能有人有這麼多朋友。」不過羅森深知，賀節卡片、偶爾的電子郵件或午餐、簡短的電話問候，都會讓你成為與眾不同的人。

伊格那修是阿根廷人，畢業於美國知名的商學院，他跟很多背景類似的畢業生一樣，進入一家知名管理顧問公司的阿根廷分公司工作，不過他做了一件有別於其他同僚的事。二〇〇七年六月，他在阿根廷成立「留美MBA」團體，並架設一個網站，目的是促使更多阿根廷人進入美國頂尖學校就讀。兩年之內，他招募了將近四百位會員（董事會有十人），到三所大學做過演講，並且成為想留美的阿根廷人的推薦人。他剛開始成立這個組織時，成員只有一個人——他自己。由於他既沒有顯赫的資歷，也沒有身分地位，於是便找些有身分地位的人加入，包括他服務的顧問公司同事，以及在阿根廷生活的美國頂尖商學院校友。結果，伊格那修成為公司裡的大演說家，擅長指導別人。此外，他還大舉提升了自己的能見度，拓展更多的人脈，不只在阿根廷而已，甚至遠至美國頂尖顧問公司，而且他是這個不斷擴張的人際網絡的中心，這個網絡包括許多公司、大學、學生、校友。就一個兼差性質又不怎麼花錢的事業來說，這樣的成績實在很不賴。

由於結交人脈必須投入心血，所以你應該採取一些策略。列出你想認識或必須認識的人和組織（這些人或組織可能有些私人人脈對你會有幫助），照著名單一一努力去結交，想辦法跟更廣泛、更多元的人交往。我認識一個想從事生物科技產業的人，不過他沒有理工背景，也沒有任何相關經驗。他鎖定了一些人要認識，拜託別人替他引見（如果可能的話），事後再寄感謝函，並提供訊息和人脈給新認識的人，好讓他們覺得跟他往來是有價值的。在很短的時間內，他原本只在一個沒什麼權力可言的小職位，但在開發出龐大且有影響力的人際網絡後，幫助自己順利進入生化科技產業。

培養人脈還有一個阻礙：人會自然而然養成習慣，而其中一個習慣就是「老是和同樣的人往來」。你跟他們在一起很自在，你相信他們，比起跟陌生人培養關係，跟已經認識的人互動容易多了，也愉快多了。所以，擺脫你的習慣，去認識別的人。凱蒂在一家高階經理人招募公司工作，他們的業務是來自各企業的人力資源部門。為了建立人資經理人的人脈，也為了多認識一些人好做事，凱蒂籌辦了小型研討會，參加者會閱讀或聆聽大師對管理方面的看法，然後再討論。她第一次舉辦的研討會大獲成功，參加者很踴躍，討論熱絡，而這個持續不間斷的研討會對凱蒂目前的工作很有幫助，且有助於建立人脈，對她未來的職業生涯必然有幫助。再強調一次，其實不需要花太多工夫，只需要採取一些行動，願意與陌生人接觸，也就是走出自己的舒適圈。

找到對的人

不是每個人對你的幫助都一樣多，你在花時間建立人脈時要把這點考慮進去。一九七〇年代初，社會學家馬克．格蘭諾維特（Mark Granovetter）在波士頓做過一項很經典的調查，研究人們是如何找工作。其中兩個研究結果沒什麼驚人之處，一是，在找工作的過程中，社會人脈很重要，和循正式應徵管道比起來，人脈用得越多，找到的工作越好。其次，人才招募方式會因工作類型而有所差異：管理職比較可能經由私人管道找到，不是透過報紙廣告或投履歷應徵這類正式管道，而比較低階的職位或是高薪但屬技術性質的工作，往往是透過比較正式的應徵管道。該項研究中令人驚訝的發現是，找工作的過程裡哪一類人脈比較重要？答案是「不緊密的人脈」。一般來說，密切往來的人脈是家人、朋友、工作上走得很近的同事，而且互動頻繁，不緊密的人脈都是一些點頭之交，也就是你幾乎不怎麼認識，互動也很少的人。

不緊密的人脈反倒比緊密人脈更有用，背後的道理是：跟你最親近的人（好朋友和家人）的生活圈很可能和你大同小異，彼此走得很近，因此他們提供的訊息會互相重疊；相反地，**不緊密的人脈比較可能把你跟其他不相干的人、組織和訊息連結起來，可以提供新的訊**

息和人脈給你。不過，不緊密的人脈要發揮作用，必須有兩個前提：這些點頭之交必須「有能力」把你和其他多元的人脈串連起來，而且他們還得「有意願」這麼做才行。第四章提過的商學院教授弗林，他那份要求陌生人幫忙的研究可以證明，人們會願意幫忙一些舉手之勞的事情，就算是素昧平生的陌生人也會樂意幫忙。如果問問某人知不知道哪裡有職缺或某家公司、工作的詳細情形，就算你們之間的交情相當薄弱，對方幾乎都會提供，因為提供訊息可以讓對方自我感覺良好，也符合樂善好施的社會常規。

因此，最理想的人脈結交策略是，認識一大堆不同圈子的人，盡量加入各種不同產業的組織，而且地理位置要分散，不過不見得一定要跟這些人很熟，也不一定要跟他們密切往來。這個建議並不是要你不必真心與人交往，而是希望你不會因為關係太過緊密反而無暇建立龐大分散的人脈（因為時間有限）。這個建議與第二章提到的「專一投入」並不衝突，這麼做正是專一投入於建立有用的人脈，只是人脈要盡量廣、多，還要有助於你獲取權力。

還有一種現象，人會因交往的人脈而貴，組織也是如此，所以最好結識身分地位高的人。這個簡單的事實會出現一些有趣的後果，因為這意味著，如果你還想保住你的高身分地位，就不能隨隨便便紆尊降貴來享受低階級的好處。

社會學家喬爾・波多尼（Joel Podolny）曾任耶魯大學商學院院長，現在是蘋果大學（Apple University，蘋果電腦內部的教育機構，提供MBA之類的課程）校長，有人問他一個關於投資銀行的有趣問題：投資銀行因為身分高貴，常有成本優勢（比方說，他們可以用比較低的成本募到資金，而地位較低的銀行就辦不到），那麼何不乾脆一舉吃下整個股票與債券市場，奪下小銀行的生意？他的解答是：實地研究投資銀行產業後發現，地位高的銀行往往不會「紆尊降貴」去奪取更多市場，因為這麼做就得和地位低的銀行為伍，因而喪失原本擁有的身分地位優勢。

要提高身分地位，有一個方法是：成立一個組織，組織的正當性絕對要足以讓身分地位高的人不加入都不行，然後你就可以同時建立身分地位和人脈。菲力普在墨西哥就是這麼做。墨西哥是個階級分明的社會，做勞力與非技術性工作的人大多沒受什麼教育，也由於缺乏教育，人們無法獲得好工作，只能貧窮過一生。於是，菲力普成立一個基金會來教育非技術性勞工（大多從事建築業），他這項舉動具有重大的社會意義，所以他就讀的理工學校有一位最有名望的教授加入，董事會成員也都是墨西哥的頂尖社會改革者。由於基金會主要以建築工人為對象，菲力普因此結識房地產界的優秀人才，而這些人脈為他打開了房地產方面的事業機會，還讓他結交到民間產業與政府部門龐大的人脈網絡。如同菲力普所言，他不僅做得對，也做得好。

地位階級是牢不可破的，這句話不僅代表社會地位難以向上流動，也難以向下流動。一旦透過人脈提高了權力和地位，就能繼續保有影響力，不需花費太多時間與精力。

身分地位帶來的人脈可以轉化成金錢。我有個朋友在培訓高階經理人方面很有名，前陣子有人請他提出企劃案來指導某位執行長，他開價二十五萬美元，執行長告訴我朋友，另一位指導老師開價兩萬五千美元，我朋友回答，他認識那位開低價的人，也培訓過那個人，認為那個人的指導品質很優秀。那麼執行長有什麼理由以高十倍的價格選擇我朋友呢？因為我這位朋友說，他跟好幾家知名大企業執行長吃過飯（他把名字一一講出來），另一位指導老師能提供這類經驗和管道嗎？於是我朋友拿到了這筆生意。人都喜歡沾光，喜歡跟有身分地位的人為伍，像這樣的故事每天都在各地上演。

讓自己位於訊息溝通的中心

權力和影響力不只來自人脈的廣大與身分地位，也來自你在人脈網絡中的結構地位。位於人脈網絡的中心位置很重要；研究顯示，中心位置可以帶來很多好處，包括取得資訊、獲得正面評價，還有較高的薪水。一家報社所做的研究發現：「在一個部門內如果能位於掌控溝通的位置，對升遷特別有幫助。」這樣的研究結果推翻了人力資本經濟學（human capital economics），根據人力資本經濟學，只有個人的人力資本（就是教育程度、工作經驗和聰明才智）會影響事業發展；同時也推翻了社會普遍認知（工作表現是決定事業成果的關鍵）。

人脈中的位置對你的影響力和事業前途有莫大影響。**如果幾乎所有訊息和溝通都得透過你，你的權力就會變大，因為你掌控了訊息的流動**；另一個原因是，人們往往會把權力加諸在位居中心位置的人身上。該如何評估自己是不是位於中心點？看看你在其他共事者心中的分量為何，比方說，他們是否認為你是他們尋求建議或幫助的對象。另一個方法是，看看有多少溝通是經過你的手。

如果你知道位於中心點的重要性，做事或做選擇的時候就會盡量讓自己位於組織的中心點。季辛吉成為尼克森總統的國家安全顧問之後，他力求所有外交政策的溝通都只能透過他，他任命一群年輕、有能力、無黨無派的外交政策分析家來跟他共事，這個舉動為他贏得媒體好形象，因為看起來他用人唯才，不考慮其他因素。不過，尼克森總統的人馬不喜歡和非我族類的人互動，而季辛吉找來的這群人又和尼克森的人馬很疏離，因此季辛吉就成為這群分析家和白宮之間訊息溝通的中心位置。

透過地理上的位置也可以讓自己身處中心點。我認識一個人，他接下矽谷一家創投公司的工作，擔任分析師，是很低階的職位。他剛進公司時，有兩個辦公座位可選，一個是位居角落的大座位，很安靜但地處偏僻，另一個是一位合夥人辦公室外面的小座位，這個座位沒有任何牆壁，完全沒有隱私。純屬偶然，他挑了合夥人辦公室外面的座位，也由於這個地理位置，他知道公司所有大小事，所有路過要去見合夥人的人都會與他互動一下。他說：「不到幾個月，在每週一例行的全員會議上，幾乎所有問題都會先拿到我這裡，最後我就成了這家公司史上第一位一畢業就位居要職的人。」

位居中心會帶來權力，不過分散且多元的人脈網絡也是重要的權力來源。大多數人往往會與同類為伍，這種傾向稱為「同類交往」（homophily），如果跨出自己的團體之外，與其他團體往來，就可能有利可圖。同類交往這種與生俱來的傾向會造就出「仲介」的商機，或者套用芝加哥大學商學院教授伯特的術語：「在老死不相往來的團體之間架設橋梁，來填補結構上的漏洞。」這套想法的基本概念看似很簡單：**把內部各自很凝聚但互不往來的兩個單位連結起來，做這項居中連結的人可以從中賺到錢，因為他促進了這兩個單位的互動。**

在日本一家大型電力公司上班的健次是一個很好的例子。健次擁有核子工程碩士學位，還有MBA學位，英文能力也佳。他完成碩士學位之後重返公司，進入國際商業開發部門，負責在世界各地興建和收購電廠。雖然健次的頭銜不高，在注重年資的公司裡也不資深，但他居於一個極佳位置，扮演兩大重要部門——工程部門和商業開發部門的中間角色。他是唯一有核子工程學位的MBA，也是唯一有商學背景的核子工程師，他告訴我：「我的位置獨一無二，全球核能產業商業開發的關鍵訊息都會透過我，因為我是唯一與國際商業部門和核能部門都有往來的人。」健次的英文能力優於其他同事，所以會受邀參加視訊會議，與國際開發計畫最高階主管開會，幫忙做翻譯。由於他是中間人的角色，可以取得工程部門與國際業務部門的資料，再加上參加的會議多了，自然對計畫有深入了解，因此高階經理人會開始詢問健次對重大議題的看法。

現在還看不出健次的權力之路會如何發展，不過從研究中可清楚看出，扮演中間角色（也就是填補結構上的漏洞），有利於事業發展。社會資本（根據填補了多少結構漏洞來衡量）會影響升遷、薪水、組織位階。

還有一個研究結果對於人脈的建立很重要。人們有時會認為，如果與某個擅長擔任中間角色的人往來，他們也可以獲得同樣多的好處。但是，伯特發現，這種想法並不正確。就算你跟扮演中間角色的人很親近，你幾乎享受不到什麼好處。再以健次服務的那家日本電力公司為例，健次雖然因為扮演中間人而獲得許多好處，但跟他往來的人卻撈不到什麼好處。換句話說，如果想獲得好處，就得自己去創造。

選擇最適合的人際策略

任何策略都有操作過度的問題，人脈打造也是如此。成為結構漏洞之間的橋梁、成為人脈網絡的中心點，這些都需要花時間經營。你必須決定要投入多少時間，視自己工作所需來擬定專屬的人脈策略。

研究文獻通常把知識分成兩大類：一類是可以編輯入冊的明確知識，例如用圖表或公式來呈現，一類是難以言傳的隱晦知識，例如優秀的臨床醫師所擁有的知識就數於這類，他們不僅了解工作上的科學根據，也會根據自己的經驗而知道何時該做什麼事。加州大學柏克萊分校教授莫頓．韓森（Morten Hansen）研究過，在不同的產品開發環境中，人脈的使用到底有何差異。如果你必須取得難以言傳的隱晦知識，就必須仰賴比較小且緊密的人脈，因為要關係夠緊密才能叫別人花時間把難以言傳的專業知識解釋給你聽。如果你需要的是可以輕易傳達的明確知識，廣大而薄弱的人脈能提供較大的幫助。

韓森還特別提出兩種產品開發情況各自需要的人脈，一種是需要從無到有開發產品（此時幾乎不可能事先就知道需要哪些資訊），一種是在現有的能力基礎上開發產品（此時已經可大致預知需要具備哪些能力和資訊）。韓森和同事發現，要從無到有開發新事物，廣大而薄弱的人脈最有用，因為這種人脈可以讓開發團隊大範圍探求有用的資訊。相反地，如果要在原有的基礎上開發產品，比較小且深入的人脈比較能儘快催生出新產品。韓森的研究證明了很多人直覺知道的事：**廣大而薄弱的人脈有利於創新以及尋找資料，而較小且緊密的人脈適用於利用現有知識和傳達難以言傳的知識**。

不論是還在創造人脈，或是已經有了人脈，你能不能創造和運用人脈，有一部分是取決於別人對你的看法，而別人對你的看法則是取決於你的言談舉止有沒有權威，這是第七章要討論的重點。

第7章　權力是「演」出來的，也是「說」出來的

一九八六年十一月，美國陸戰隊中校奧力佛・諾斯（Oliver North）被雷根總統撤職，卸下國安會的職務，因為他涉及伊朗軍售醜聞。這起醜聞是美國政府透過中間人賣武器給伊朗，再把銷售所得拿去資助當時企圖推翻尼加拉瓜左派政府的反抗軍。一九八七年夏天在國會作證之後，隔年諾斯以十六項重罪被起訴，包括非法接受金錢饋贈、協助及教唆阻撓國會調查、銷毀文件和證據。雖然最後有三項罪名被判有罪，但在後來的上訴中被駁回，法院認定當時的陪審團是因為聽了諾斯在聽證會的證詞才做出有罪判決，而他在聽證會的證詞是有法律豁免權的。在那幾場全國轉播的聽證會上，諾斯坦承銷毀文件、對國會說謊、違反（或至少近乎違反）不可援助尼加拉瓜反抗軍的禁令。

諾斯知道如何透過言行舉止來表達權威，這種能力對他的聲譽以及日後的事業產生驚人效果。在聽證會上，諾斯訴諸更高的目標理想來捍衛自己的行為，這個目標就是維護美國利益、拯救美國人民的性命、保護美國重大情報祕密、遵照上級指示、執行一個優秀海軍中校被交付的任務；簡言之就是盡忠職守。在聽證會上，諾斯身穿綴有數個勳章的軍服（他任職國安會期間其實很少穿軍服），對自己所作所為擔起責任，表示自己「一點也不難堪」，不論是對自己的行為，還是對於「必須出面解釋自己的行為」，都不感到難堪。他堅定強調一切都是自己一手掌控，言談中一再使用「是我告訴……」、「是我造成……」這類字眼，顯示出他並不推卸責任。

旁觀者如果看到某人不否認或不逃避自己的所作所為，通常很自然會認定此人不認為自己有罪或羞愧，所以或許真的不是他的錯。此外，諾斯的用語也透露出權威：他是主導者，不是代罪羔羊。

事發七年後，諾斯利用聽證會上創造的人氣和同情，在維吉尼亞州競選參議員，以僅僅三%的選票小輸給查爾斯．羅伯（Charles Robb）。那場選戰中，諾斯透過宣傳單募到大約一千六百萬美元，是當年全美以宣傳單募得最多政治獻金的人。如今，諾斯已經是數本書籍的作者，在福斯新聞網擔任電視評論員，還是民營與公營機構高薪邀約的演講人。即使是當年在聽證會作證時，他的形象也很正面。《華爾街日報》（*Wall Street Journal*）當時問過數十位美國高階經理人，問他們願不願意雇用諾斯，「絕大多數都表示願意，而一般民眾的民調也反映出對諾斯中校深具信心，有五六％受訪者願意聘僱諾斯中校，三五％表示不願意，九％不知道」。

唐納．甘迺迪（Donald Kennedy）是生物學教授，曾擔任食品藥物管理局的委員，也當過史丹佛大學校長。他在一九八〇年代初捲入一宗人事支出醜聞。由於不可能把營運各項支出（例如水電費、警衛與消防支出、圖書館等基礎建設）都清楚歸屬於某一筆研究計畫之下，因此研究經費之外還會有一筆營運攤提費用來支出這些費用，日後再向政府請款。在史丹佛以及其他研究大學爆發的事件中，請款項目包括遊說、酒錢、划船俱樂部的遊艇費用、校長官邸的銀製餐具和家具等，都算進營運費用中。經過幾年的調查、訴訟和稽核，政府發現這些請款毫無根據。史丹佛大學最後同意付給政府一百二十萬美元，彌補一九八一年至一九九二年會計年度共一萬八千筆研究經費中多請款的項目。

事件爆發後，和諾斯中校一樣，甘迺迪校長現身國會調查委員會，但他的表現和諾斯卻南轅北轍，諾斯出現在證人席時只有律師陪同，甘迺迪卻是大陣仗出席，其中包括安達信會計事務所專門負責承包政府業務的主管、史丹佛大學的主計長和副主計長、董事會主席詹姆斯・蓋瑟（James Gaither）。找來這麼多人助陣，代表甘迺迪無法自己回答問題。他的話語落落長又迂迴，不直接回答問題，還坦言自己感到「很難堪」，神情極度不自在，給人非常沒有說服力的印象，也就是說，在外人看來他是有罪的。沒多久他就離開史丹佛大學校長的職位。

諾斯和甘迺迪的差異，或許跟人品和個人風格沒什麼關係。甘迺迪不只是位傑出的科學家，也是教學卓著的老師，曾有多次在國會作證的經驗，但很多認識他的人在看過這場聽證會後，都說他看起來變了個人。他跟諾斯一樣，都是做了準備才來聽證會的，差別在於他們表達自己的方式不同，他們的行為舉止不同，他們給人的印象不同。甘迺迪想表達懺悔，諾斯想表達不可置信（他怎麼可以受到懷疑呢？）以及些許義憤。這一章後面會談到，表達憤怒通常比表達悲傷、愧疚或懊悔，更具權威。

我們要說什麼話、要怎麼表現，都是自己決定的，而這會影響權力的取得與維繫。哈麗葉・魯蘋（Harriet Rubin）有長達十一年的時間擔任「新潮流」（Currency）書系主編，專門製作領導方面的書籍。那段期間，她身負領導職，還出版各方領袖的自傳以及領導方面的書籍。根據她的經驗，領導的祕訣在於有能力扮演某種角色，以及假裝和擅長表演藝術。魯蘋說得沒錯。有沒有能力透過言語、表情、舉止傳達出權威，攸關我們日常各項往來互動，包括找工作、招攬重要客戶、在股票分析師面前報告公司的成長展望。

二〇〇八年五月，我收到一位職涯經營服務公司主管的電子郵件，更確定了求職過程中如何「展現自己」真的非常重要。他聽到零售業龍頭沃爾瑪（Walmart）一位面試官的評論，那位面試官面試了一些學生，對他們的自我表達方式做出評論：

> 有幾位學生在面試中非常有自信，但是半數以上看來有點不自在。讓我印象最深刻的學生都是表達清晰、直視我的雙眼，可以不假思索立刻舉例說明，而讓我印象不好的學生都是講話結結巴巴、眼神游移，沒辦法立刻想到例子來說明。

研究文獻顯示，面試並不是可靠或有效的篩選機制，不過幾乎是最普遍的方法，而跟人談話過程中給人的印象，攸關錄取或升遷與否。以貌取人、以表達方式取人、以想法取人，似乎都不太對；不過，這個世界本來就不是永遠都公平的，要給人有力的印象，就得練習傳達出權威。也就是說，舉止言談必須透露出權威。

艾圖莎．魯賓斯坦（Atoosa Rubenstein）一九九三年在時尚雜誌《柯夢波丹》（*Cosmopolitan*）從時尚助理做起，五年後升到資深時尚編輯，在赫斯特雜誌集團總裁凱瑟琳．布雷克（Cathleen Black）鼓勵之下，她提出創辦《少女柯夢波丹》（*CosmoGIRL*）的構想，於是她在一九九九年二十六歲時，當上《少女柯夢波丹》總編輯，是赫斯特集團一百多年歷史上最年輕的總編輯。魯賓斯坦在二〇〇四年被哥倫比亞大學選為兩百五十大校友之一，備受推崇，她認為自己能夠如此年輕就成功，是因為形象塑造得宜。她向報導她事蹟的人說：

> 我是個演員。我在職場上最大的特色就是：我是個演員。我並不是有創意的人，但是必要的時候我可以像個有創意的人。我穿上戲服，扮演別人希望我扮演的角色。波妮（《柯夢波丹》總編輯）希望我非常時尚時，我就帶上假髮、穿上華服，展現異國風情。因此，我從幕後角色變成幕前主角，凱瑟琳（赫斯特雜誌集團總裁）開始派我代表《柯夢波丹》去出席正式場合。

「演」出權力的6大原則

彼得．尤伯羅斯（Peter Ueberroth）曾經榮登《時代》雜誌年度風雲人物，因為他成功舉辦一九八四年洛杉磯奧運，而且是職棒大聯盟前任理事長，他很喜歡一句格言：「權力有兩成是被賦予的，有八成是自己獲取得到的。」這句話意味深長。如果想獲得權力，就得表現出自信，就像諾斯的例子以及沃爾瑪的面試官描述的那樣，你必須表現出胸有成竹的樣子，即使你根本不知自己在做什麼。安迪．葛洛夫（Andy Grove），他是英特爾（Intel Corporation）半導體公司創辦人之一，曾經是執行長與董事長，他對自己預測科技未來走向的能力相當謙虛。他在矽谷一個論壇上被問到，如果對公司未來走向不確定時該如何扮演領導角色，他回答：

「一部分要靠自律，一部分要靠假裝，到最後假裝會成真。所謂的假裝是，你要先打腫臉充胖子，擺出充滿信心的表情，久而久之你就會真的更有信心，然後假裝就不算是假裝了。」

葛洛夫深知做做樣子的重要性。魯蘋說過：「葛洛夫堅持，他手下那些聰明但害羞的經理人都必須參加他們稱為『惡狼訓練營』的研討會。與會者要學習靠近上司的臉孔，大聲喊出某個想法或提議。就算不是凶狠的人，裝也要裝出來。」

葛洛夫還深知表現出權威有三大原則。第一，經過一段時間後，原先的做做樣子會變得不是做做樣子，久而久之，你會真的越來越像自己裝出來的模樣：有把握、有自信、更堅定相信自己所說的話。許多研究證明：行為決定看法。第二，你所表達的情緒（例如信心或快樂）會影響周遭的人，情緒是會傳染的。面帶微笑走在機場走道上，你會看到別人也對你報以微笑，但是如果換上眉頭深鎖的表情，別人也會對你鎖上眉頭。有一份研究調查「情緒的感染力以及運用於行銷的效果」，結果發現，如果一個人面帶微笑，看到這張笑臉的人會比較快樂，對產品也會有正面看法。情緒不僅會在人之間相互傳染，如果某人因為感染到他人的快樂而感到愉悅，好心情也會蔓延到其他東西上，例如待售商品。第三，情緒和行為會讓人自我感覺良好，如果你微笑，然後別人跟著微笑，你就會覺得快樂，就會笑得更開心。葛洛夫或許一開始得裝出有自信、博學多聞的樣子，但是一旦別人「感受到了」，就會投桃報李，讓葛洛夫自己更有自信。

「表演」是很重要的領導技巧，也是獲取權力必須的，因此得知道該如何實地執行。

「表現出有信心」是原則之一，其他原則還包括：

注意觀眾的感受

蓋瑞．樂夫曼（Gary Loveman）是哈拉斯賭場娛樂公司（Harrah's Entertainment）執行長，他知道許多員工一年只會看到他一次，所以在他們面前他得「情緒高昂」。即使只是短暫的互動，樂夫曼也必須讓員工感覺到，這家公司的領導人有愛心、全心投入、值得信任。就算他很疲累或生病，只要現身眾人面前，他總是散發活力、鬥志高昂，而這種活力正是哈拉斯賭場成功的原因之一。

不只是高階領導人需要表演，你站在舞台上的機會比你自己想像還要多。韓森到加州大學柏克萊分校執教之前，原本在法國的商學院INSEAD教書，他告訴我，有一天他坐在教室裡看班上學生分組報告，當時他剛從長途旅程回來，很多學生除了專注於講台前的分組報告外，也一直在注意他，他們發現韓森看起來很疲倦，他們的解讀是：老師對學生的報告不感興趣。學生們事後把這想法告訴他。有了這次經驗後，韓森更加注意自己的神情姿態，即使不是站在觀眾面前也一樣。

如果想看起來全心投入於會議互動中、想表現出你對周遭的人很在乎，就請放下手邊的筆電和手機，以及其他會占掉你時間和注意力的科技產品。當你跟別人說話或開會時卻一面看電子郵件，你傳達的訊息很顯然是：我有其他更重要的事情要做，無法把注意力放在你身上。有人會說，在現在這個很難集中注意力的高科技時代，這類無禮舉動已是司空見慣。正因為大家已經把這種不專注的舉止視為常態，所以如果你效法IESE商學院教授紐莉亞．秦奇亞（Nuria Chinchilla）跟人開會時的作法——把手機關掉收起來，效果肯定驚人。如果仿效美國電影協會已故會長瓦倫帝——親自打電話拜訪或親自造訪，你的影響力會更大，也會更叫人難忘，給人的印象會更有權威。

表達憤怒，而不是悲傷和悔恨

伊曼紐是歐巴馬的首席幕僚，曾經是伊利諾州眾議員，脾氣火爆是有名的。記者利薩在《紐約客》雜誌上側寫伊曼紐時寫道：

「伊曼紐似乎是利用他火爆的脾氣來達到效果，嚇阻反對者……不過在爭鬥過程中他從未失控……老朋友葛林堡（Hank Greenberg）認為，伊曼紐誇張的舉措是他成功不可或缺的因素之一，葛林堡說：『他深知誇張手法和神話永遠有效，所以他會寄死魚給一個民調專家，讓對方知道，他不會忌憚把自己的不滿公諸於世，也樂意超越正常界線，更樂意展現粗暴的一面，就是絕對不能容忍被人愚弄。』」

伊曼紐用這招有效，你用可能更有效，因為伊曼紐位高權重是眾所皆知的事，而你無權無勢，更無面子包袱。有時候，跟你共事的是位階相當的同儕或同事，而你想影響他們，還有的時候，你實際的權力處於「妾身未明」的狀態，在這些情況下，展現憤怒是有用的。

研究顯示，表達憤怒的人會被認為「握有主導權、強勢、有能力、聰明」，不過當然會被視為比較不和善、不溫暖。社會心理學家拉瑞莎．蒂登絲（Larissa Tiedens）研究過情緒表達會給人怎樣的權力印象。透過三份研究，蒂登絲和同事想了解人們認為地位高與地位低的人有什麼樣的情緒表達。研究人員發現，受試者認為地位高的人在逆境中比較容易生氣，而不是難過或愧疚，地位低的人碰到逆境則是難過或愧疚，比較不會生氣。第二項研究則顯示，**生氣的人會被視為身分地位高，而難過愧疚的人會被視為身分地位低**。

第二項研究是一系列實驗，蒂登絲得到的結果是：表達難過和生氣的人當中，人們會覺得表達生氣的人身分地位較高。實驗一是請受試者觀看兩段影片，是前總統柯林頓針對呂文斯基醜聞的證詞。一段影片中，柯林頓表現得很生氣，另一段則是頭低低的，眼神不敢直視，一副典型犯錯後悔的模樣。觀看那段生氣影片的人，力挺柯林頓的占多數，他們認為影片顯示他是大權在握的人，不過相比之下，觀看那段難過影片的人就不是這麼想。由於擔心實驗一的受試者可能對柯林頓已有既存印象而造成實驗失真，研究人員在實驗二找來一位沒沒無聞的演員扮演政治人物，請他發表兩段內容一模一樣的恐怖主義談話，其中一段表現得很生氣，另一段則是表現得很難過。結果，受試者比較傾向於投票給那位生氣的政治人物，而不是投給表現難過的。受試者甚至認為，那位生氣的人會是比較稱職的政治領袖。

第三個實驗是在一家軟體公司進行，由員工評比其他同事表達各種情緒的頻率。結果員工認為，比較常生氣的同事比較可能成為榜樣，是值得眾人學習的對象。不過這份報告還有一項研究，如果某個應試者形容自己是個易怒的人，他會獲得較高的職位、較高的薪水，這個人生氣時會讓人覺得他有能力，難過時則不會。

表達生氣，不僅地位與權力會提高、看起來更有能力，別人也會避免與你正面交鋒，畢竟誰想成為怒氣的箭靶呢？難怪巴頓將軍（George Patton，二次大戰知名的美軍將領）會在鏡子前練習皺眉生氣的表情。看看曾當過國會議員幕僚的政治評論家克里斯·麥休斯（Chris Matthews）是如何形容緬因州參議員艾德·穆斯基（Ed Muskie）：「幹麼去招惹這個人？幹麼沒事壞了自己一天的心情？脾氣暴躁是非常有力的政治工具，因為大多數人都不喜歡對立衝突。」

展現憤怒也適用於其他性別與文化嗎?或者只是對美國男性特別有用?「催化劑」(Catalyst Inc.)是一個以協助女性在職場晉升為職志的組織,他們對一千二百位高階經理人進行過調查,結果顯示,女性如果比較堅決果斷、展現企圖心,往往會被視為太強悍、沒有女人味,不過也會被認為比較能幹。某個實驗性的研究證實一個看法:女性從生氣中獲得的好處少於男性。社會心理學家維多莉亞·布雷斯科(Victoria Brescoll)和艾瑞克·阿曼(Eric Uhlmann)做了三項研究,檢視情緒表達和男女身分地位高低有何關聯。他們發現,如果一個女性專業人士和一個男性專業人士同樣都表達憤怒,不分男女都會認為那位女性的地位低於那位男性,而且,如果女性把怒氣表達出來(不論她的位階如何),外人對她地位的猜測會低於她不表達憤怒。還有一組研究也證實這種刻板印象:男性比較位居主導,女性比較居於下屬地位,所以男性比女性容易生氣是正常的。

我把這個問題拿去請教社會心理學家蒂登絲,她告訴我,儘管她跟同事做的研究一直想找出男女有別之處,但並未發現。她還提到,女性生氣時,表達方式通常不像男性,而是用比較溫順的方式,例如雙臂交叉於胸前,提高音調,或甚至哭泣。蒂登絲認為,**強勢表達怒氣來讓對方陷入守勢,不管對男性還是女性都是有效的工具**。

目前看來，表達生氣的效用是否男女有別，仍然見仁見智，但是如果你只有兩個選擇，一是討人喜愛而且與大家打成一片，一是能幹但討人厭，請選擇能幹。自嘲和幽默只有在你已經建立能幹形象之後才有用，如同以色列前總理果達．梅爾（Golda Meir）說過的一句話：「不必那麼謙虛，你還沒多厲害。」

注意肢體語言

有證據證明，高個子的人賺錢較多，也比較可能居高位。還有充分證據顯示，肢體外表的吸引力會帶來較高收入。你不必因此就在鞋子裡猛加鞋墊，也不必去做整形手術，你原有的條件就有很大發揮空間了。你可以精心打扮來傳達權力與地位，讓自己看起來已經達到一心想達到的地位；你可以在頭髮、服飾風格以及顏色上下功夫，強化自己的外表。或尋求專業協助，透過外表來強化自己的影響力。

除了衣服髮型之外，你還可以「靠舉止來透露出權力」。比爾．英格利希（Bill English）是演員、導演，也是舊金山劇場（San Francisco Playhouse）創辦人之一，他在教人「如何表演出有權力的樣子」時，通常對姿勢很有意見。人在緊張或不自在的時候，往往會畏縮，胸部塌陷，雙臂交叉抱胸，變成防衛的姿勢。如果你想表現出權威感，這樣可不行。應該要筆直站挺，不要慵懶無力；要抬頭挺胸，不要彎腰駝背。正面朝向別人，是有權威的姿勢，盡量靠近別人站立也是；相反地，背對著別人或後退遠遠的，則會有反效果。

手勢同樣可以傳遞權威和果斷，當然也可能出現反效果。雙手繞圈或擺動手臂會減低權威感。手勢應該簡短有力，不要過長，也不要比個沒完。直視別人的眼睛不僅代表權威，也意味著誠實與直率，視線往下則是代表怯懦，視線飄到別的地方則會讓人以為你在掩藏什麼。

利用回憶來喚起想要的情緒

有時候你得展現當下沒有的情緒，例如在沒把握的時候展現自信、在害怕的時候展現憤怒、在不耐煩或失望的時候得展現憐憫與同理心。此時，往內心去尋找過去曾有這種感受的時刻或情境，回想當時的情境可以讓你找回當時的情緒，你就可以立刻表現出來，如此一來，你的「表演」就不會淪為不真誠，不是在展現根本就沒有的情緒，而是汲取內心真正的感受，只是時空錯置罷了。

很多情況下，你得同時展現多種情緒。接掌一個更高的新職位時，你想展現自信，讓人覺得你很清楚自己在做什麼，好讓他們受到你的感召，心悅誠服追隨你，不過，你同時可能想傳達出謙虛、與其他人打成一片的歸屬感，好讓他們不會覺得你高高在上、樂意輔佐你。想要同時展現互有衝突的情緒，需要更多的技巧和練習，不過基本原則仍然一樣：回想過去曾觸動這些情緒的人事物，只不過得同時回想。

架設「舞台」並好好安排情境

表演者要有「舞台」才能表演，而你為自己所創的「舞台」事關重大，攸關你能不能贏得尊敬。我們常常輕忽一件事：實際場景能成事也能壞事。

場景是可以傳達權威和地位的。舊金山一家知名法律事務所的一位合夥人告訴我（當時我問他為何要砸大錢把公司設在昂貴的黃金地段，內部裝潢甚至花更多錢）：「人們不會支付高額時薪給坐在廉價金屬辦公桌辦公的人。」就這點來說，美國總統的橢圓形辦公室應該最有權威，很多美國總統會利用這個辦公室象徵性的地位來影響他想尋求支持的人，方法是帶他們進入這個充滿歷史感的空間，巧妙地提醒他們這個總統寶座的尊榮與重要地位。

尤伯羅斯擔任美國職棒大聯盟理事長時，他開始建立自己的權力，收服一票有錢、各有自主性的球團老闆（這些人整體來說是他老闆）。他透過安排球團老闆的會議來建立自己的影響力。尤伯羅斯把每年兩次的球團老闆會議增加為四次，而且堅持這些老闆要親自參加，不得派人代表。他把會議場所挑選在這些老闆不熟悉的地點，採用上課的方式，把會議室改成階梯式，讓這些老闆把注意力放在會議室前方，再加上座位的安排，不經意提醒這些老闆，尤伯羅斯是「老師」，而他們是「學生」。雖然尤伯羅斯看起來是因為成功舉辦一九八四年洛杉磯奧運才讓這些老闆心悅誠服，不過他在實體事物上的安排也有助於建立並運用他在這些老闆心目中的權威。

回答時要慢慢來

人們之所以無法給人有力的印象，有一個原因是慌慌張張或還沒有把握就開口講話。舊金山劇場的英格利希在訓練人表現權威時，會讓他們置身於一個假想情境中，例如他們在前任執行長狼狽下台後接任一家藥廠的執行長，基於安全問題，這家藥廠必須回收某項藥品，員工們對自己的工作感到丟臉、擔心。英格利希要求他們對員工發表談話，提振員工信心、激勵員工，並且心悅誠服接受他們的領導。

表現最好的人都是先整理好思緒，往往停頓良久才開始說話（儘管眼前有一群觀眾等著他們開口，陷入一片沉默會覺得壓力很大），他們知道自己要說什麼，很清楚要怎麼利用現場的空間和肢體動作來激發員工的信心，也把緊張情緒克制得很好，所以才能散發影響力。

很顯然，一定要有所準備才能言之有物，不過，總會遇到有人出其不意突然來個問題或意見，或是陷入一種毫無準備的情境中，此時就得深呼吸，不慌不忙慢慢整理自己，這會比一股腦急著開口來得有用多了。

「說」出權力的3大策略

使用的言語、如何架構言談內容，都會決定權威的大小。好的演說家都有辦法感動群眾，金恩博士著名的「我有個夢想」演說、以及歐巴馬競選總統的演說，是兩個明顯的例子。不過，私下的互動和小型會議同樣能創造權力，並非只有大型場合才行。以下有一些既定原則可以協助你在講話時稍微增加一點權威感。

打斷別人的話

不管是什麼樣的互動，打斷別人的話是權力的一種象徵。有權力的人都會打斷別人，權力較小的人只有被打斷的份。在談話過程中打斷別人儘管不禮貌，卻是權力的象徵，是一種有力的舉動，研究「對話分析」（conversation analysis）這個領域的學者也觀察到這種現象。男性打斷別人的頻率較女性高，醫生很少長時間聆聽病患講話而不打斷。不管是哪一種情況，談話模式會拉大權力與地位原有的差距（而原有的權力與地位是來自社會認知和專家權威等）。

前面提到的諾斯中校和甘迺迪校長的聽證會就清楚傳遞出這種現象。有一次一位質詢人眼看就要打斷諾斯的話，諾斯立刻舉起手說：「讓我說完。」他說話時不願被打斷，還有幾次回答律師和議員的詢問時也是如此。相反地，甘迺迪校長有一度提出要求，要求允許他繼續講下去，他是這樣說的：「我可以繼續講嗎？」等議員答應之後他還出言感謝。

奪下議題主導權

在分析水門案聽證會時（一九七二年美國的政治醜聞，該竊聽案導致時任總統尼克森辭職下台），社會學家哈維．莫洛奇（Harvey Molotch）和迪荼拉．波登（Deidre Boden）指出，那幾場聽證會呈現出三種權力面貌。第一種是，誰贏得競賽：誰的觀點勝出？第二種比較看不出來：議題由誰設定，這會決定某一議題會不會被討論或辯論？第三種更看不出來：議題和結果是由人際互動決定的，而人際互動的規則是由誰決定？

互動要能夠順利進行，至少雙方必須要有共識，不然會寸步難行。莫洛奇和波登發現，居於主導者可運用的權力之一是：質疑和挑戰對方的基本假設。這也是在互動中獲取權力的一個策略。

約翰．狄恩（John Dean）是尼克森總統的法律顧問，水門大樓遭人闖入、犯嫌遭到逮捕之後，就是狄恩主導事後的掩蓋行為。在聽證會上，他是最有資格揭發尼克森總統牽涉其中的人，因為他對尼克森的言語與行為有第一手的了解（狄恩在聽證會上作證供出尼克森）。力挺尼克森的共和黨參議員艾德華．葛尼（Edward Gurney）企圖摧毀狄恩的可信度，不允許狄恩訴諸毫無根據的動機臆測或印象來憶往，而是要求他講話要有「事實」根據。狄恩說，尼克森總統對他的掩蓋作為表示感謝，言下之意就是總統必定知道他做了些什麼掩蓋的行動，畢竟，如果不知道要感謝什麼，何來感謝之有呢？葛尼對狄恩的「臆測」提出質疑，他指出，找不出有任何「清楚明確」的談話提到掩蓋行動的細節。

根據我的觀察，類似的手法常用於商業會議中。在大多數公司，策略和市場動能通常被視為理所當然，如果有人提出質疑，像是質疑如何與對手競爭、如何衡量勝敗、策略是什麼、眼前和未來真正的競爭對手是誰，可能會是非常有效的權力角力。因為這樣的質疑和挑戰把原本看似理所當然的議題凸顯出來，促使大家必須把一些向來不明講的議題拿出來重新協商。

有說服力的語言

所謂有影響力的語言，是能夠創造出權威形象，而且情緒勝過理智。這類語言必須是能喚起人心、具體明確且充滿力量和畫面。邱吉爾在一九四〇年五月當上英國首相時已經六十五歲，離開權位已有十年之久，擺在他和英國眼前的，是不確定的未來以及與德國的可怕戰事。邱吉爾的精湛演說幫他建立起權威和形象，振奮國人，也扭轉了戰局：

你們問，我們的政策是什麼？我說：就是全力作戰，從海上、路上、空中，盡我們一切所能，用上帝賜給我們的一切力量。你們問，我們的目標是什麼？我可以用兩個字來回答：勝利，不計一切代價的勝利，儘管非常恐怖也要勝利；勝利，不管這條路多漫長、多艱辛。因為如果沒有勝利，就無法存活。

邱吉爾深知語言的力量，他曾經說過：「言語是唯一會永遠流傳的東西。」諾斯中校也是。諾斯中校在伊朗軍售醜聞聽證會上表示，他願意出錢請伊朗人來迪士尼免費遊玩，如果這麼做可以讓美國人質順利返家的話。此話一出，你馬上可以在腦海中描繪出迪士尼和人質的畫面。相反地，甘迺迪校長關於營運費用的證詞盡是一些繁瑣的資料代號，這意味著，就算技術上來說真的沒有違法之處，但他寧願躲在法律技術細節的保護傘之下，也不願正面處理一般的是非問題。

馬克思．艾金森（Max Atkinson）是社會學家，也是對話分析學家，他分析了演說和日常談話，企圖了解說服力來自何處、什麼因素會讓演說者看起來更強而有力。部分詞彙的確有助於啟動情緒開關（以美國來說，像是「社會主義者」、「自由市場」、「官僚」、「國家安全」），此外，所謂有說服力的言語，就是可以讓人對你和你的主張產生支持，是可以激發認同和歸屬感的言語。約翰．馬侃（John McCain）競選美國總統時所用的字眼就是很好的例子，他在競選宣傳中會使用「我的朋友」以及「我們」這類詞彙。在言語中透露「共同的連結」，會讓聽者相信你跟他們看法一致。

語言除了必須要能夠喚起情緒、傳達出相同利益和認同的訊息之外，艾金森還提出許多可以讓演說更有說服力、更動人的方法，以下是五個語言上的技巧。

一、**利用「敵我意識」**。「大家都知道，如果有個外來威脅必須抵抗（不管是真的威脅還是想像出來的），就特別容易凝聚組織向心力。」聯合航空（United Airlines）在一九九四年進入加州市場時，當時西南航空（Southwest Airlines）的執行長賀伯・凱樂赫（Herb Kelleher）寄給所有員工一段影片，他在影片中把聯合航空比喻成完全衝著西南航空來的「戰爭機器」，並懇求員工團結一致，提供最好的客戶服務。蘋果電腦執行長賈伯斯先鎖定ＩＢＭ為頭號敵人——蘋果著名的「一九八四」廣告就是一例，後來又把微軟視為頭號威脅來激勵蘋果的員工。

二、**以停頓來加強語氣，並尋求贊同或甚至掌聲**。在講完之前稍微停頓一下，或者稍微延長最後的講話，都是博得喝采常見的方法。

三、**列舉三點或三項，或者以條列的方式來演講**。列舉三點的優點之一是，有一種整體感和完整感。列舉會讓演說者看來好像已經思考過議題和替代方案，而且各個角度都深思熟慮過。

四、**利用對比方式，且詞句對仗、字數相同**。選擇要以哪兩者來做對比時，有策略思考才能點出重點。二〇〇九年美國健保改革話題正熱時，反對政府干涉過多的人提出一個問題：各位希望自己的健保是由你們和你們的醫生共同決定，還是由少數幾位政府官員來決定？而贊成政府者則會採用另一種對比：各位希望那些會把病人丟在一旁、有「保前排除期」（美國醫療保險通常有保前排除期條款，凡是保險生效前發生的病症或傷害皆排除在保障外）的貪婪保險公司來決定你的健保嗎？還是你希望由你自己和你的醫生來做決定？利用對比時，某種程度來說也要強調「敵我意識」，而且同時使用鮮明的比較，凸顯出演說者要宣揚的想法。

五、不要看講稿或小抄。如果你不靠任何協助就能演說，傳遞出來給觀眾的訊息是：你對這個主題已經非常精通，可以信手拈來。此外，演說者如果不看小抄或講稿，就能與觀眾保持眼神接觸。美國電影協會會長瓦倫帝常常到國會作證，他說很多去作證的人都帶著小抄，他沒有，因為他希望自己的語言可以生動自然，傳達出他對議題的熟稔程度。誠如他所說：「如果你無法在不看小抄的情況下，說五分鐘不熟悉的議題，就代表你的準備工作不夠。」使用PowerPoint來演說很有力，不過前提是，這個PowerPoint是給觀眾看的，不是給演說者看的。

此外，我要補充一個重要建議：適度且適當地運用幽默。小說家薩爾曼·魯西迪（Salman Rushdie）在一個廣播節目說過：「如果你有辦法逗人發笑，他們會對你的話照單全收。」幽默可以卸除武裝，透過一個笑話，就可以在你和觀眾之間創造一種連結。

美國雷根總統一九八四年競選連任時，對手是明尼蘇達州參議員華特．孟岱爾（Walter Mondale），當時雷根是史上年紀最大的總統候選人（這個紀錄在二〇〇八年被候選人馬侃打破），一場競選辯論會上，雷根被問到他認不認為年紀會在選戰中被拿來大作文章，雷根面帶微笑回答，他不會拿對手的年輕與缺乏經驗來大作文章，此話一出眾人都哈哈大笑，雷根利用幽默化解了一個可能很棘手的問題，把一個嚴肅的憂慮轉化成令人大笑的元素。

言語是否有說服力，句子結構也是重要因素。二〇〇四年總統大選時，伊利諾大學教授史丹利．費許（Stanley Fish）要學生仔細觀看兩位候選人（小布希和凱瑞）的演說。撇開私人的政治觀點不談，學生認為小布希的演說比較有力。小布希會用簡單、有宣示意味的句子：「我們的策略一定會成功。」小布希還會運用疊聲字。費許指出：「疊聲字（例如押頭韻：sweet smell of success, a dime a dozen, bigger and better, jump for joy）和某個主張是否有正當性，當然沒有邏輯關係，但如果運用得宜，疊聲字可以加強一個有邏輯的觀點，甚至可以造成幻覺，把沒邏輯的觀點變得好像有邏輯。」相反地，凱瑞使用比較複雜的句子結構，用字聽起來似乎也不符合總統高度（例如「笨」這個字），凱瑞通常會假定觀眾已經對他要講的主題有所了解。

我們往往會盡量避開讓自己不自在的場合，不過如果要更有辦法在言談舉止間表現出權力，絕對需要靠經驗累積。盡量找機會代表公司去做簡報、到俱樂部或專業組織內發表演說，並且請人在一旁好好觀察你的表現，事後再給你意見，看看你的表現是好還是壞。

人脈，以及如何透過語言和舉止來展現自己，都是建立名聲和形象的重要因素，下一章會探討建立名聲的其他要素。

第8章　為自己樹立名聲

兩位帶兵如神、幾乎已成為偶像的美式足球教練，他們征戰的比賽場次相差不多，一位的勝率高達七成六，另一位是六成一，兩位都拿過國家美式足球聯盟（NFL）總冠軍，一位在球團老闆開口請他走人之前主動求去，當時他年僅四十出頭，另一位則從沒離開過教練崗位，不是在職業球隊就是在大學球隊職掌兵符（或非自願、或迫於壓力）。離開的那位名叫約翰．梅登（John Madden），他是勝率較高那個。從未被迫離職的名叫比爾．瓦許（Bill Walsh），人稱「天才」，很少人或組織會想開除「天才」來因此聞名。

所以結論是什麼?功績很重要,但名望同樣重要。因此,建立形象和名望是成功取得權力並保有權位的重要策略。

名望很重要,不僅職業美式足球如此,各個領域皆然。有一項實驗對考績評比做了研究,結果顯示,給人印象較好的人考績較高,而實際工作表現較好但給人印象不是很好的人,考績較低。或者以企業高階經理人為例。如今外來空降的執行長在企業界愈來愈司空見慣,董事會也喜歡向外尋找深受華爾街和媒體歡迎的人選,因此,如果能被視為超級巨星,就握有絕佳的談判籌碼。如果你的名聲夠響亮,不必自己去爭取或毛遂自薦,各家公司自然會搶著聘請你。如果你的名望足以在任命你的消息曝光時造成股價上揚,各家公司自然會捧著大把鈔票爭取你這位「救星」,即使證據顯示外來的和尚不見得會念經,即使你的名望最後證實是傳說而非事實。

有時名聲是隨個人而來,有時是隨組織而來。奇異電器(General Electric)一向被認為是高階領導人的最佳培訓所,因此離開奇異轉往其他公司擔任執行長的人,都是被高薪聘請,金融市場也寄予厚望。哈佛商學院教授波里斯.葛洛斯博格(Boris Groysberg)和同事研究過二十位奇異前任高階經理人,他們都是一九八九年到二〇〇一年離開奇異去接掌其他公司。二十人當中有十七人,股市對他們的任命案表現出正面回應,在他們的任命消息公布當天，新公司的市值平均增加十一億美元。其中有些人替新公司帶進的市值更驚人，家得寶居家修繕公司聘請羅伯特・納德利（Robert Nardelli）的消息一曝光，家得寶的市值馬上大增將近一百億美元。葛洛斯博格的研究顯示，領導人並非到哪都是救星，外來空降部隊常常失靈，不過如果是聲譽卓著的領導人，這些問題都不成問題——納德利在脅迫之下離開家得寶時，拿到價值二億五千萬美元的錢，他的名望顯然仍然固若磐石，因為接下來他轉任克萊斯勒汽車，儘管他完全沒有汽車業的經驗。後來克萊斯勒破產倒閉。

要建立這種可以取得大位的威望，基本原則很簡單：早一點樹立良好形象，謹慎勾勒出你想創造的形象，利用媒體來增加能見度並擦亮你的形象，讓別人對你歌功頌德（這樣你就可以避開自吹自擂的困窘），並且巧妙地釋放出一些有關自己負面但不致命的訊息，讓聘請你和支持你的人充分了解你的缺點但還是願意聘請你。成功的關鍵就在於，好好執行以上每一個步驟。

留下第一印象的機會只有一次

社會觀感（人是怎麼形成對他人的評價）一直受到廣泛研究，這些研究顯示，有幾項重要的事實與建立威望息息相關。

第一，別人都是從最初幾秒甚至百萬分之幾秒的接觸中對你形成第一印象。印象的形成，不只是根據對你的相關資料、你的行為、工作表現的廣泛了解，也根據一開始從你的臉部表情、姿勢、聲音、外表的判讀。一項研究發現，人們在最初百萬分之十一秒時所形成的判斷，與接下來不管接觸多久之後所做出的判斷，相差無幾；也就是說，只需要極短暫的接觸就可形成合理的既定印象。這個結果證明，第七章提到的內容非常重要：你一開始如何展現自己是關鍵所在。

第二（這點可能會令你大吃一驚），憑著這些快速形成的第一印象，就可以準確決定其他更持久、更重要的評價。社會心理學家娜里妮．安巴迪（Nalini Ambady）和羅伯特．羅森薩爾（Robert Rosenthal）對臨床與社會心理學的預測準確度做了綜合分析，他們發現，從非常短暫的行為（不到五分鐘），就可精準預測一個人的個性。他們甚至發現，根據不到半分鐘的行為所做出的預測，準確度無異於根據四到五分鐘的行為所得出的印象。在一個以大學老師的評鑑為調查對象的實證研究裡，安巴迪和羅森薩爾指出，觀看一位老師的上課錄影片段（消音，長度不到一分鐘），然後打分數，大致跟學生在學期末給這位老師打的分數相差無幾。第二個實驗中，同樣用極短的錄影片段，這次是高中老師的錄影，觀看這些消音的簡短影像後所打出的評鑑分數，大致和校長給這些老師打的分數相去不遠。

名聲和第一印象不僅會快速形成，還會歷久不變。透過研究已經歸納出幾個過程，這些過程就是最初印象之所以持久不變的原因，或者換句話說，你在傳遞訊息時，順序很重要。這三個過程看起來都言之有理，然而在製造良好的第一印象時，不必理會是哪個過程在發酵。

第一個過程是「**注意力遞減**」。由於疲乏或無聊，人會對先進來的訊息有較高的注意力，對後面進來的訊息就沒有那麼高的注意力，而第一印象就是在解讀先進來的訊息時所形成。跟某人初見面時，你會非常留意他說了什麼、做了什麼，因為你會想多了解他，然後將他歸類，例如歸類他對你有沒有幫助、他有沒有權力之類。一陣子過後，你會覺得自己已經了解他，於是放在他身上的注意力就會降低。好比你坐在會議室與人開會時，你認為自己已經知道對方要說什麼，所以就不會全神貫注聽他實際說的話。

第二個過程是「**認知打折扣**」（cognitive discounting）。一旦印象已形成，後續若出現與第一印象互相牴觸者就會自動排除。尤其如果這個決定與判斷事關重大時，更會如此，畢竟，誰想承認自己對某件重要事物判斷錯誤而使自己的形象蒙上負面陰影呢？所以，人總是容易漠視與第一印象不符的訊息，只相信可以佐證最初判斷的訊息。

第三個過程是，**人往往會盡可能去應驗自己對他人的第一印象**。有個針對面試官的研究，要調查他們對於求職者的考試分數和履歷表會形成什麼樣的第一印象，然後再拿來與實際的面試過程相互對照。結果顯示，如果面試官透過考試分數與履歷表已經對求職者有好感，實際面對面時會展現正面態度，面試過程的重點會變成是在「推銷」公司、提供工作與公司相關訊息，反而較少要求求職者提供個人訊息。也就是說，面試官會對自己喜歡的應徵者較友好。還有一項研究顯示，人們如果認為自己面對的是一個夠資格、聰明的人，就會以提問的方式讓對方有機會展現能力和才智。由此可見，人往往會自動透過行為來強化最初的印象和名聲，讓第一印象成真。

還有一個過程是「**偏見同化**」（biased assimilation），後面進來的訊息是接收了，卻把它重新解讀成與最初的想法和判斷一致。

查理・巴龍（Charlie Varon）是位諧星，也是劇作家和表演藝術家，二〇〇一年加州醫學會邀請他前去演講，與會者原本預期會看到一場午餐席間的喜劇表演，不過，在主持人的配合之下，巴龍變身為人類基因專家艾爾賓・艾夫嘉博士（Albin Avgher, PhD），對著滿場的醫生和律師暢談自己的人類溝通理論，還搬出各式各樣虛構的統計數字和事實。要不是有一個笑話打醒了在場聽眾，大家都一直以為眼前這位演講者真的就是主持人介紹的艾夫嘉博士。聽眾認為自己之所以上當，是因為自己欠缺這方面的知識才看不出謬誤之處。不過，要是主持人一開始就介紹巴龍是個模仿諧星，聽眾大概就不會對他的演說和「專業知識」信以為真了。

許多行為是有多面解讀的——某某人到底是聰明但古怪？或純粹只是不善社交？人們是如何解讀自己眼中所見？答案是：根據自己的預期，而非根據自己親眼觀察到的事實。我們眼裡只會看到自己預期看到的，所以若你頂著權威或聰明的名聲走進一個場合，等到你離開時，你那權威或聰明的名聲會有增無減（不論你做了什麼都一樣）。印象和名聲會歷久不變，早早就建立起良好印象和名聲，是創造權力很重要的一步。

第一印象的形成是如此快速又難以改變，所以有兩件事很重要。第一，如果發現自己處在一個有形象危機的情境，人們對你沒有正面評價（不管原因為何），上上策通常是離開，另尋其他機會。這個建議很難讓人聽進去或放在心上，因為很多人往往會想證明自己有多棒，會盡一切努力來改變別人的想法、修補自己的形象。不過這類努力很少成功，原因前面已經提過，更何況得費很大功夫，所以最好另尋一個全新的環境，一個毋需克服太多包袱的環境，來展現自己的正面特質。

第二，由於印象在很短時間內就會形成，而且成因很多（例如「同不同類」與「對不對味」這類你根本無從掌控的因素），所以應該盡量現身於各種不同的場合，以量取勝。如果你是個有能耐的人，歷經很多不同場合以及時間的考驗後，你的能耐一定會被看見，但如果你的曝光不多，別人只能憑一次接觸來論斷你，這樣的論斷勢必會流於隨機，不夠準確。這個建議正好符合第六章提過的人脈建立原則，盡量多方接觸，建立廣泛但不甚緊密的人脈。切勿一心只想透過單一場合就塑造出好印象，而是要找到適合自己建立好名聲的環境，然後再繼續找其他不同的環境去建立名聲，一直到效果出現為止。

仔細思量要塑造何種形象

你得先有策略地思考自己想建立什麼樣的名聲、該具備哪些特點和元素，然後再依此來經營自己。知名記者利薩對歐巴馬能崛起於險惡的芝加哥與伊利諾州政壇，有過詳細的描述，他提到歐巴馬從一開始就努力塑造一種對他有利的政治身分：

「歐巴馬似乎一直小心翼翼在為自己塑造一種政治身分。他拜訪芝加哥南區（黑人居多數的貧窮地區）的教會，考慮每一個教會的政治傾向和名聲，聽取老一輩牧師的建言。雖然他很佩服民權律師賈森．麥納（Judson Miner），但他同樣是幾經思量才加入麥納的法律事務所（該事務所在芝加哥政壇極具影響力，是歐巴馬很好的事業起點）。當時歐巴馬正在撰寫《歐巴馬的夢想之路》（*Dreams from My Father*），準備投身政壇，然後在他首度參選時同步出版這本書。」

約翰．布朗（John Browne）擔任英國石油公司（British Petroleum）執行長超過十年，在他的主政之下，英國石油公司買下Amoco石油與Arco石油，還有其他許多較小筆的收購。布朗獲任命進入英國上議院，多次被選為全英國最受人佩服的企業領袖，不過，這些年來跟我交流過的許多高階經理人都說，布朗算不上是那種讓人一看便知的領袖，他身材短小，不到一百六十八公分，講話輕聲細語，在社交場合還會笨拙怯生，根本就是個內向的人，在充斥著急性子、大膽領袖的石油產業裡，他就是個知識分子。布朗之所以能夠攀登權力高位，並且穩坐無虞，原因之一是他塑造了一個非常有利於他的形象。

雖然布朗的名聲是多面的，但其中有三個特別突出：努力又投入、聰明、受人敬畏。布朗一輩子的職場生涯都在英國石油公司度過，超過三十年，輪調世界各地，包括安哥拉治、阿拉斯加、紐約、克里夫蘭、倫敦等，工作時間非常長。這讓我們知道，盡忠職守的形象是很有幫助的。

布朗的聰明才智也是一頁傳奇。他念的是物理，非常強調原則，有打破砂鍋問到底的精神，他受的訓練屬於分析，因此在財務和探究方面表現特別好，不過，他到底是怎麼利用自己的聰明和記憶，建立起才智過人的名聲？這一點跟麥克納馬拉在福特汽車與國防部所做的事並無二致。

布朗把自己的害羞轉變成一項優點。他對自己的行程表控管嚴格，所以有幸跟他見上一面的人都知道機會難得，深知每次的會面都影響重大。布朗把跟他見面這件事變成一種權力的象徵，因為他嚴格控管自己有限的時間。然後在見面過程中，布朗展現過人的智識，以此樹立聰明的名聲，讓他在公司內外同享盛名。

有用處的名聲該具備哪些面貌，這一點顯然要看環境以及個人的優缺點而定。重點是，你必須仔細思考自己想建立的名聲必須具備哪些特點，然後盡一切所能，包括該如何運用時間，以及該與哪些組織或人往來，確保這就是你要的形象。

媒體是最佳工具

巴西人馬榭羅年僅二十三歲就榮升巴西最大房地產公司的稽核主管，當時只有四年財務分析師經驗的他，一下子突然得負責管理一個七十人的部門，執行財務、會計、內部稽核、股東關係等工作。要探究為何是他得到這份職位，不如探究他上任後怎麼做，來得有意思多了。馬榭羅知道自己並不是很有資格坐這個位子，也知道他的團隊中有很多人對他心存懷疑（但他必須獲得這些人的協助和工作投入），他同時得爭取公司其他同僚的認同。

馬榭羅擬出一套「三叉策略」。第一是「非常努力，盡其所能拿出好成績」。第二是「在公司內外建立人脈」，也就是和對他有幫助的人打好關係。不過他也看出有必要樹立一個外部的正面形象，以獲得盟友和支持，於是他開始小心翼翼經營媒體，讓外界對他建立起「他其實很優秀」的印象，而為了符合外界的正面期待和形象，他確實變得更優秀。

馬榭羅知道，記者需要別人幫忙完成工作（尤其在媒體預算被刪減，各媒體公司財務吃緊的情況下），記者也會很感激有人適時幫忙，於是馬榭羅開始撰寫財務和管理方面的文章，投稿到巴西各個急需有趣內容的刊物。一開始當然不是所有刊物都賞臉，不過久而久之，他的文章開始有其地位。馬榭羅的寫作角度之一是以他的年輕主管身分，提供年輕世代在管理議題上的看法。一旦文章開始登上媒體之後，他的可信度就會增加，日後其他文章曝光的機會就更大。另外，馬榭羅自告奮勇代表公司接受媒體訪問，他的很多同事認為這是浪費時間，會排擠掉處理正事的時程，大家都嫌麻煩，不願費事去擬新聞稿、經營媒體關係。很快地，馬榭羅不僅成為自己部門應對媒體的窗口，還替公司很多人代勞，因此他在這方面的能力漸增，吸引更多人上門求助，透過這些工作，他和巴西媒體界很多重要人物有了往來，在公司內部的分量也節節攀升。

到了二十七歲，沒有高層管理經驗的馬榭羅，被賦予財務長的重責大任，帶領一支百人團隊，並成為公司旗下一個事業單位的總經理之一，至此，馬榭羅已深刻明瞭媒體的重要，他繼續寫文章、接受訪問、建立關係。二〇〇七年，不到三十歲的馬榭羅登上巴西一本頂尖商業雜誌，獲選為「未來可望當上執行長」的年輕明日之星，還登上另一本雜誌封面（那篇文章報導如何買賣股票）。馬榭羅最後會如何不得而知，不過他當上執行長的機率肯定是大增，因為頂尖商業雜誌都點名了。

馬榭羅的故事告訴我們，要持續不懈花時間經營媒體人脈，不只要經營平面媒體、廣播、電視、網際網路，商業作家和學者等只要有助於擦亮你的形象，都不可放過。而與媒體人打好關係的不二法門是：做個好親近的人，樂意提供協助。

紐莉亞．秦奇亞完成她在ＩＥＳＥ商學院的博士論文之後（ＩＥＳＥ商學院隸屬於西班牙巴塞隆納的納瓦拉大學），成為ＩＥＳＥ的教師群，她開始對職場上的女性以及打造適合家庭生活的職場感到興趣。雖然她研究的議題這些年來的確越來越受到重視（因為有越來越多西班牙女性進入職場，再加上工作與家庭之間的衝突逐漸擴大），不過她如何替自己打造出國際名聲，成為這方面的頂尖演講人、顧問、作家，才是最有趣之處。畢竟，研究這個主題的專家和政策分析家有很多，但少有人能像她這般在好幾個國家都有能見度或影響力。

秦奇亞在二〇〇一年籌辦第一屆女性人力資源經理人會議，她邀請記者去參加並採訪與會女性，結果媒體以整整一頁的篇幅專文報導介紹。接著她網羅曾任記者與作家的康絲薇露．里昂（Consuelo Leon），請她到ＩＥＳＥ攻讀博士，並一起在秦奇亞的研究中心工作。里昂可以協助寫作和研究，還可提供外人難以得知的媒體相關知識。同時，秦奇亞很歡迎記者來訪問，也樂意與記者們建立關係：「我大多是在車子裡、辦公室裡、家裡透過電話接受訪問。我會控管時間，提供好的服務給想採訪我的人，所以電視、廣播和報紙都很滿意我，也都會再回來採訪我。另一個原因是，他們知道我手上有他們要的資料。」

毫無疑問，一旦握有權力就比較容易獲得媒體注意。攀上領導位子之後，就能找人捉刀把你討人喜歡的故事寫出來，你還可以傾公司行銷之力來做這些事，讓雜誌和出版社更感興趣。而且在這過程中，要如何塑造自己的形象，全掌控在你手裡，你大可隱惡揚善。所以，我們可以讀到汽車業高層李・艾科卡（Lee Iacocca）的自傳（第一本大賣的企業執行長傳記），但絕不會從書裡得知他其實對汽車安全這類議題漠不關心，也不知道他在福特Pinto汽車的設計與行銷過程扮演重要角色（這部車的油箱設計不良，車尾被撞時會爆炸起火）。我們可以讀到艾爾・鄧樂普（Al Dunlap）的自傳，但絕不會從書裡得知這位曾經做過史谷脫紙業（Scott Paper）和陽光家電（Sunbeam）執行長的人，竟然犯下大規模會計詐欺。

誠如知名媒體人約翰・波恩（John Byrne）所寫：「鄧樂普一直受到商業媒體的吹捧，直到他失勢為止，而他的名氣並不是建立於功績之上，而是因為他非常樂意以唐突、不像話的言行來跟媒體打交道。」波恩應該最明白如何摧毀或塑造一位執行長的形象，他和奇異電器執行長威爾許共同撰寫的書裡，就將以裁員聞名的威爾許變成商業英雄（別忘了，威爾許的外號可是「中子傑克」。編注：中子傑克是奇異員工為威爾許取的，諷刺他毫不留情大裁員卻不損及公司利益），即使有證據證明，奇異汙染了紐約哈德森河、進行大規模操縱價格、根本不像外人以為的那麼賺錢。

馬樹羅和秦奇亞的例子可以證明，早在事業起步之初，就可以（也應該）擬定一套媒體形象塑造策略。如果想很早就獲得公共關係方面的助益，就去接觸媒體以及學術圈裡寫文章出書的人，你也可以寫文章、寫部落格來增加自己的能見度。

行銷專家法拉利認為寫文章是個好方法，可以幫助你釐清自己的想法。的確如此，而且寫作也是提高能見度和建立形象的一種方式，可以幫助你找到好工作。部落格興起之初，凱倫（第五章討論過）任職於舊金山一家創投，公司免不了會討論是否要找個人寫部落格。公司的公關策略是什麼？每個人都忙著處理手上的案件，分身乏術，而凱倫喜歡寫作，於是寫部落格的任務就落在她身上。這個部落格很成功，不久她就接到邀約，在其他部落格擔任客座專欄作家。有一天，一家獵人頭公司來找她，問她有無意願到另一座城市的大型網路公司擔任高階職位，職掌一個全新的策略部門。凱倫告訴我，如果有人想認識你，他們會先上網搜尋你的名字，以她來說，獵人頭公司在部落格上看到了她的想法，於是她的可信度也就增加了。她的新老闆只和她面談十五分鐘，老闆告訴她，他們看過她的部落格，了解她的想法，覺得很適合他們公司。所以基本上，凱倫是因為部落格、因為她的寫作才被聘僱的。

讓別人來推銷你的能力

塑造自己的形象時，得避免落入自我推銷的兩難。為什麼說自我推銷是個兩難？是這樣的，研究顯示，如果某人不替自己讚聲，說自己能勝任（尤其在找工作面試或尋求升遷時），別人就會認為他若非不能勝任就是不擅長處理這類場合。但是話說回來，雖然常有場合需要自我推銷，但難題也會隨之而來。當你大力推銷自己的才能和功績時，你會面臨兩個難題：一、你這時已經不是客觀的第三者，講的話會被打折扣；二、研究顯示，一個人公開自我推銷時往往會被視為自大、誇大不實，因而不討人喜歡。雖然說討人喜歡不見得是獲取權力時必要的，但犯不著把自己搞到討人厭的地步。

有個方法可以解決這種兩難：讓別人來推銷你的能力（這些人可以是你雇用來的人，像是仲介、公關人員、職業仲介，也可以是同事）。透過一系列實驗，我和幾位同事做了一項調查，看看一個人說自己能勝任，以及由別人來說他能勝任，會有什麼不同。不意外地，比起某個作家自己讚美自己，如果由別人來說那位作家多麼棒，作家會較受人喜愛，能力也會較受肯定。此外，人們比較願意提供協助給看起來不高傲或不誇大的人（這些人會找中間人替他們發言推銷）。其中一個實驗裡，我們用一段模擬影片，裡面有個演員飾演仲介角色，發言支持他的客戶，而客戶就坐在他旁邊。雖然受試者的回應是，仲介受到客戶的控制，只是聽命行事才發言支持，儘管如此，受試者還是給那位客戶較高的評價，高於那位客戶自己發言推銷自己。這些研究證明，即使人們知道你請來替你說好話的這些人跟你有金錢利益關係，即使人們知道這些中間人是受到你的控制，他們給你的評價還是高過你自己說自己好話的情形（他們也較願意提供協助給你）。

替你講好話的人所說的話，會被認為較有可信度，比起這些話由你說出口還來得可信。而且別人會認為，既然你有辦法找到信譽卓著的公關或很棒的中間人來替你說好話，就代表你是有能耐的，所以光是這件事本身就能替你的名聲添一筆光彩。從該研究得到的結論是：別寒酸，花錢雇個人來代表你、推銷你，這對你好處多多。

負面特質不一定有害

賴瑞．桑默思（Larry Summers）是柯林頓政府的財政部長，也是哈佛大學校長、歐巴馬的國家經濟委員會主席，他常被形容是易怒、直言、不體恤他人。利薩對他的描寫很有代表性：

「桑默思是個傑出但非常自我中心的經濟學家，他與人共事愉快的能力遠遠不及他計算數學等式的能力。我向白宮高階官員詢問桑默思和彼得．歐賽克（Peter Orszag，歐巴馬的預算處長）之間的關係，他回答：『桑默思跟每個人都有點摩擦，因為他就是這樣。』」

桑默思的名聲不僅無損於他，甚至還有幫助。如果你明知某某人不好相處但還是雇用他，你會更堅持這個決定，因為你做這個選擇就代表你「不在乎」這個人的缺點。適度展現負面特質（只要不至於妨礙你雀屏中選），其實是可以提高權力的，因為那些不顧你的缺點仍然支持你的人，會更堅定支持你、更樂見你成功。這就是打預防針的道理，日後大家都不能抱怨這些早就知道的缺點，而且就像那位白宮高階官員對桑默思的評語，大家甚至會把你的任何負面特質視為理所當然，認為「你本來就是這個樣子」。

以一位非執行董事長為例（指不參與公司決策的董事長），他是一家股票上市公司的董事長，公司專門生產超音波醫療儀器。這位董事長以前是陸戰隊，他排定開會時間的方法不是先徵詢各個董事的時間，而是直接下令，且誰缺席誰就慘了，就算這個時間他們根本不可能與會也一樣。主持會議的時候，他也是一派獨裁作風，不過這些都無損於他的威望。有一位董事就認同他這種個性：「他就是如此啊。」

你大概不會是完人，也不會希望自己看起來像完人，只要你的怪癖跟你所樹立的名聲無關，不會導致別人不敢挑選你，這些缺點和怪癖其實反而會讓別人更堅持要挑選你、相信你。桑默思的情況就是：他的缺點無損於他在經濟領域上的傑出表現。

形象創造現實

名望會自動累積並強化，人們可以從中受惠（也可能受害）。有一份針對沃皮（網路設備大廠思科的前任業務開發主管）的分析提到：

「在思科執行長錢柏斯（John Chambers）和其他高階主管眼中，沃皮已經樹立起使命必達的名聲……此外，沃皮也開始在思科以外的地方建立名聲。媒體對他讚譽有加，因此他在公司內外的影響力更逐步提高。換句話說，那些報導真的成了自我應驗預言（Self-Fulfilling Prophecy）。」

你不必在名望和事實之間做取捨。沃皮是個非常成功的業務開發主管，只要名聲夠好，就能幫助你達到好業績，反之亦然。訣竅在於，你要確定自己的所作所為是在樹立好名聲，而且要讓別人讚揚你的表現，並且讓媒體願意報導你，以此來樹立足以讓你建立權力基礎的形象。

第三部

權力保衛戰

第9章 敵對與挫敗也能是助力

不管你的目標多麼遠大、多麼努力、多麼有才能，通往權力的路上，幾乎一定會遇到挫敗，無人能倖免。

威爾開過好幾家金融服務公司，然後當上花旗集團大權在握的執行長，一九五〇年代他應徵股票營業員時被美林證券、Bache、Harris Upham拒於門外，一九八五年打輸一場權力鬥爭而黯然從美國運通（American Express，美國知名金融服務公司）離職；威爾是因為把自己創立的Shearson證券公司賣給美國運通，才進入美國運通。重點是，要如何因應必然會出現的敵對力量以及厄運降臨呢？

艾瑟蔓（前文提過有MBA學位的乳癌外科醫生）在一九九七年當上加州大學舊金山分校乳房健康中心主任，她一接任就知道該做哪些事。首先，她希望把相關的專科整合到一個優美、對病患方便的環境裡，讓女性不必到處奔波，不必拿著自己的檢驗報告和病歷到處跑。診斷過程中，女性常會碰到延宕和不便的情況，還要帶著不確定與恐懼的心情，一路從乳房攝影、切片檢查到諮詢癌症外科醫生，到處奔波於各個不同的地點，而且每個步驟之間還會間隔幾天。艾瑟蔓希望打造一個場所，可以讓女性早上抵達（因主治醫師發現可疑腫塊或其他病徵而轉介過來），當天就可以帶著擬好的治療計畫離去，所有必要的檢查和評估都在一天之內，還是在一個設計精良又裝潢漂亮的地方完成。

其次，艾瑟蔓意識到，癌症療法從學習到改進的過程耗時太久，也花太多錢。蘇・達布曼（Sue Dubman）現在服務於健贊生物科技公司（Genzyme，美國知名生物技術公司，二〇一一年被法國藥廠收購），不過她以前待過美國國家癌症研究院（National Cancer Institute）的資料中心，她告訴我，找病患來做臨床實驗，大約占新藥開發龐大成本的兩成，而且找醫生和病患來參加實驗的步調很緩慢，所以評估新藥與其他療法會曠日費時。這些成本和延宕能降低嗎？再說，雖然重要資料是出自臨床實驗，但每天都有成千上百位女性接受治療，每天治療過程中哪些資料有用、哪些沒用，全都沒有記錄下來。所以，艾瑟蔓還有另外兩個目標：一是建置一個資料系統，把更多治療結果的資料記錄下來；一是提高找病患參加臨床實驗的意願和速度。

以上這些有意義的目標都面臨反對力量。雖然艾瑟蔓是這個癌症中心的負責人，但她對於個別專科（例如外科和放射科等，他們有各自的預算和優先順序）並沒有第一線指揮權，也沒有預算掌控權，要整合成單一處所來提供她心目中想像的一次搞定服務，就得有統籌指揮權不可。再者，加州大學舊金山分校以基礎科學研究聞名，病患照料並非最優先。醫學中心本來就常出現財務困難（尤其是健康照顧機構比例很高的加州），要投入經費建置資料中心更是難上加難。而且，做學術研究的醫生受的訓練是爭取補助和聲望，這種個人主義、充滿競爭的文化必須先改變，才有辦法把不同科別的病患資料整合起來，分析哪些有用、哪些沒用。雪上加霜的是，艾瑟蔓承認自己是個容易動怒又沒耐心的人，沒有辦法站在別人的立場著想。我二〇〇三年開始記錄艾瑟蔓這個案例時，她能否達成這些目標還是個未知數，許多看到這個案例的人都認為她的努力必敗無疑。

到了二〇〇九年答案出來了：艾瑟蔓不僅達成，還很成功。早在二〇〇三年她就完成那個處所的設立，把所有資源統合起來，提供以病患為尊的照料，也減少診斷過程的延宕（從一開始的症狀到乳房攝影，再到切片檢查，然後擬出治療計畫）。病患可以到

Breastcancertrials.org網站輸入自己的資料，電腦就會自動配對找出適合的臨床實驗項目，這個網站二〇〇八年在舊金山灣區上線測試，二〇〇九年推行到全美國，加快了找病患做臨床實驗的速度，也降低成本。另外還展開一個名為「雅典娜」的計畫，史無前例地把加州大學五個醫療資源整合起來，建立一個資料庫，登錄數千名病患的治療過程，這個計畫獲得加州大學所有領導階層的支持，同時受到該校董事會及主席理查・布倫（Richard Blum）的鼓勵。艾瑟蔓的領導能力更上一層樓。我們將會在本章看到，想獲取權力來推動改革、獲取資源來建立聲望和事業，可以從艾瑟蔓和其他人的故事中獲得啟發，了解如何在這個過程中戰勝反對力量和挫敗。

應對衝突的8種方法

每個人的出身背景不同，可獲得的回報不同，收到的訊息不同，眼中看到的世界自然也不同，因此組織內必然會出現歧見。可惜有很多人不喜歡衝突，覺得意見相左的情形很討厭，所以會盡量避免跟對手出現意見不一和溝通不順的情況。第一章提過的教育局長庫魯曾經說過：「衝突正好是認識對方的機會。」可以探索別人為何這麼想，可以交換各自的立場，讓產生衝突的雙方了解彼此。尤其對身為領導者而言，一味迴避與你意見相左的人、閃躲棘手情況，是不負責任的行為。處理衝突的方法當然有好有壞，以下幾點可以讓你成功化解反對意見。

一、善待對手，讓他們有台階下

社會心理學家傑克．布瑞（Jack Brehm）的心理抗拒理論認為：人會抗拒任何企圖限制自己或控制自己行為的力量（凡力必有反作用力抗之）。強勢主導某個對話和決策過程，或是完全掌控某個情況，或許對你的某些對手有效，但大概不會有很多人吃這一套，大多數人會反彈，而且非常用力——你越是想壓制他們，他們越是要力保自己的權力和自治權。因此對付反對者的方法之一是：善待他們，讓他們可以優雅退場。有時候，吸納別人，讓他們成為你團隊中的一員，可以讓這些人產生休戚與共的利害關係，化解敵對。

幾年前在伊利諾大學，有一群女性教職員和學生感到非常不滿，因為該校付給女性的薪水少於男性，同工不同酬。這群人向學校施壓時，校方的因應方式既高明又有效：成立一個女性地位委員會，給這個委員會一些文具、一筆預算、一個小小辦公空間（簡單說就是給予正當性和一些資源），要這個委員會針對此一事實做研究之後提出建議。此舉有效吸納了反對勢力，讓潛在抗議者成為校方一分子，這些人自然就比較不覺得像外人般疏遠，大聲要求平權的聲浪頓時變小，這些人也很快就把注意力轉移到委員會下一年的預算，不再只專注於校園女性地位的爭取。

策略性安排職位，例如把對手安插到其他更好的職位，讓他們不至於礙手礙腳，可以讓你化敵為友，或至少變成不反對你、不阻礙你。

前舊金山市長布朗與同黨的郝爾德．伯曼（Howard Berman）經過一番激烈競爭之後當上加州議會議長，事後他對競爭對手展現善意。由於適逢十年一度的選區重新劃分，眾議員增加了幾席，於是在布朗的協助下，伯曼和布朗的另外兩位對手——梅爾．李文（Mel Levine）與李克．雷曼（Rick Lehman）順利進入美國眾議院。「議會內其他民主黨對手，例如聖地牙哥的瓦迪．戴德（Wadie Deddeh），也在加州參議會取得安全席次。」布朗以賞代罰來對待同黨對手，藉此鞏固自己的權力。幫助對手取得其他職位，以免他們對你造成阻礙，這種作法或許不是你最優先考慮的方法，不過應該列入優先之一。

「面子」對人的自尊很重要。給對手一些東西，讓他們好過一點，對你是有好處的，尤其如果你所付出的東西花不了你太多錢的話。所以，董事會和老闆們通常都會給即將被逐出門的人美言幾句，有時甚至會給些錢（不過大多不是從自己的口袋掏出來），讓下台這件事比較容易「吞下去」。有一家知名人力資源顧問公司的領導人是合夥人互相投票產生，其中一位合夥人建置了組織運作方法，在商業媒體界曝光度相當高，但是他投票支持的候選人輸了，勝選的候選人把這位合夥人叫進辦公室，告訴他，儘管他對公司貢獻重大還是得走人。不過為了平息痛苦，確保他會靜靜地走人，新當選的領導人給了他一筆錢，足夠他一年不工作。如果你盡量讓對手平和、愉悅地走人，他們會願意的；相反地，**一旦搞到對方一無所有而毫無顧忌，他們肯定會用盡一切力氣跟你一搏**。

二、不要給自己製造不必要的麻煩

衝突會引起強烈的情緒，包括憤怒，而這些強烈情緒會干擾策略思考的能力，使得我們無法思考真正要做的事。你必須不斷自問：「什麼狀況叫做勝利？如果已經獲勝，你希望這勝利帶來什麼？」人們的眼睛往往看不到最優先的事，反而分心去打另一場仗，造成不必要的困擾。

艾瑟蔓當時已經在推動一項大工程，正需要各方支持，這時她可能會覺得，當初她出現在聽證會上（由她的州參議員朋友主持），調查史丹佛大學和加州大學舊金山分校失敗的醫院合併案（後來雙方分道揚鑣），並非明智之舉。當時她走進聽證會場時，一眼就看到加州大學舊金山分校校長麥可・畢夏（Mike Bishop），畢夏知道她是誰，對她出席作證很有意見。這宗合併案對她想改革乳癌治療並沒有重大關聯，而出庭作證對抗自己服務單位的主管機關，不會讓她交到什麼朋友。

第三章提到的SAP前任高層尤瑟夫，有時會讓自己的部屬很火大，因為他如果在會議上看到最後決策不利自己和自己團隊時，通常他不會拒不退讓，也不會起身對抗，他的說法是：「保留精力，日後再戰。」正因為他不會強力對抗上司或同僚，所以不至於點燃會議上的情緒炸彈，不會製造不必要的敵人，因此他通常能得到自己想要的結果，只是得花點時間。

非必要，絕對不樹敵、不引發騷亂，而要做到這點，就得動用前面提過的一項本事：專一投入。你必須清楚了解自己的目標是什麼，以及中間會歷經哪些重要步驟，過程中如果遇到反抗力量，你必須起身反抗。但是如果你捲入跟你自身或你的目標有關聯的問題或人事（不論關聯多麼薄弱），你就只是在浪費時間，甚至可能招來無謂的麻煩。

三、與關鍵人物保持良好關係

樂夫曼一九九八年當上哈拉斯賭場的營運長時，哈拉斯內部很多人都自認比他更有資格坐上那個位子，對他的空降深感不滿（他只不過是哈佛商學院的副教授，替這家公司做過一些顧問工作）。在那些可能很難搞的人當中，有一位是公司相當資深的財務長，年紀比樂夫曼大，他對這樁任命案很不爽。財務長這個職位不僅僅在政治上很關鍵，在組織改造的過程中也極其重要（而組織改造正是後來讓樂夫曼得以當上執行長的重大任務）。於是，樂夫曼很快就開始加強他和這位財務長的關係，他常常去財務長的辦公室坐，隨時讓財務長知道他在做什麼、為什麼這麼做，讓財務長參與決策和會議——簡單說就是盡一切可能打好關係。

樂夫曼的建議是：等你攀上一定程度的高位之後，一定會碰上需要讓重要人脈發揮效用的時刻，這時候你有何感受，或別人對你有何感受，都不重要；**為了達成目標，你必須放下不滿、嫉妒、怒氣或任何有礙你建立關係的情緒，才能取得必要的資源來完成事情。**

尤瑟夫掌管SAP內部顧問團隊時，常會面臨棘手狀況，有時甚至得建議進行組織重整等，導致某些資深主管的資源和權力旁落。不過，他有一套策略可以避免個人情緒作祟：把焦點放在資料上。他會盡可能要求自己和團隊取得更多客觀資料，並且嚴格要求只做分析和邏輯思考，所以討論過程中自然會就事論事，策略性的議題也會少一點個人因素和情緒。

不從個人角度來看待反對意見或侮慢、思考你需要誰的支持並全力去爭取（不管這些人對你的態度如何或你自身的感受為何）、把焦點放在資料上並且做客觀分析，以上這些都需要高度自制和成熟才做得到，這種才能很稀罕，卻是戰勝敵人、讓對手繳械的關鍵。

四、堅持到底

在「雅典娜」計畫正式推動的會議上（雅典娜是個跨校計畫，把乳癌治療成效的臨床資料透過數位整合），我認識了布倫，他是投資銀行家和投資經理人，有龐大的個人財富，擔任加州大學董事會主席，同時是加州參議員黛安．范恩斯坦（Dianne Feinstein）的丈夫。我問布倫為何百忙中還抽空來參加這場會議（他是很多公司和非營利機構的董事，還有自己的大公司要打理），他回答：「我已經學乖了，只要是我太太或艾瑟蔓要求我做的事情，我最好乖乖回答『好』，因為就算我說不，遲早還是得做，不如乾脆在一開始就答應，省時間又免得大家不高興。」艾瑟蔓把自己的成功歸因於打死不退的堅持，她喜歡舉成功科學家為例，來強調面臨挫敗時不輕言放棄是何等重要，一路看著她走來的人都形容她是個如有神助的人。

「堅持」之所以有用，是因為可以削弱反對力道。就像滴水穿石一樣，時間一久，一直持續在做的事情自然就會開花結果。而且只要繼續留在場上奮鬥，就有可能等到情勢逆轉成有利自己的一天，也許是對手退休、離職或犯錯，畢竟環境總是會出現變化。信不信由你，當艾瑟蔓進入醫療界時，乳癌是個相對比較不吸引人的冷僻領域，然而隨著女性大聲疾呼以及科學界的進步，診斷和治療都有所進展，讓這個疾病和治療方式的能見度大大提高。比起其他比較不安穩的工作職位，待在有任期保障的學術職位（例如艾瑟蔓）以及議員席位（例如舊金山議員布朗），只要有耐心與堅持，通常一定可以落實自己的目標，話雖如此，還得不輕言放棄才有勝利的一天。

五、多方並進

艾瑟蔓在加州大學受到阻礙時，轉而在科學與臨床上建立全國性的聲望，例如擔任國家癌症研究院資料中心負責人，全國的能見度和人脈可以在地方上用來建立威望。同時她持續行醫，過去的病患是她忠心不二的大軍，其中有些人財富驚人，有些能力過人，有些人脈雄厚。她說，當制度變革這部分的工作受阻時，她就把重心放在診治個別病人上，當她對某位病患束手無策時（別忘了，乳癌仍然是一種致命疾病），她就把重心放在可以改善整體醫療與強化知識的制度變革上。在全國與地方上都建立起聲望後，艾瑟蔓便可以交互利用，把全國的聲望用於影響當地，或是以當地威望為基礎來獲取全國影響力。

舊金山的乳癌和印度的板球看似八竿子打不著，不過，拉樂．摩帝（Lalit Modi）出掌印度板球協會（Board of Control for Cricket in India, BCCI）的過程、以及一手催生全新的印度板球超級聯賽（Indian Premier League），也證明多頭並進的重要性。出身富裕的摩帝到美國就讀杜克大學，學習運動行銷，回到印度後，他取得迪士尼商品的銷售授權，他的第一個嘗試，就是想找在ＥＳＰＮ頻道（美國專門播報體育節目的頻道）曝光的外國球隊共同成立一個印度板球聯盟，卻受到ＢＣＣＩ的反對而胎死腹中。摩帝運用他在迪士尼和ＥＳＰＮ等大型美商公司的人脈，成功說服印度的盟友，讓他們相信，只要他能破除ＢＣＣＩ的壟斷，打造出一個更有創業精神的文化，授權商品和比賽售票絕對可以讓他們賺進大把鈔票。他非常有耐心，早在十多年前就開始建立人脈要打進ＢＣＣＩ取得權勢，就算其中有很多人脈只和板球沾上一點點邊，他都不放過，其中當然也包括一些有權有勢的政治人物。

六、抓住時機主動出擊

如果行動夠快，通常可以趁對手不備，在他們搞清楚狀況之前就勝利在握。二〇〇五年，賈摩漢．達米亞（Jagmohan Dalmiya）競選連任ＢＣＣＩ會長，摩帝這個不知道從哪裡冒出來的人，以拉賈斯坦板球協會（Rajasthan Cricket Association）會長的名義聘請好幾位律師，對達米亞提出貪汙和管理不善的指控，並且發動全面政治攻擊來趕他下台。「達米亞完全不敢相信這一切竟然都是對手所為，他完全不知不覺就被逮個正著。」摩帝贏得這項選舉，自己擔任副會長的位子，然後找一位盟友來擔任會長，他以迅雷不及掩耳的速度除掉敵人，高價賣出電視轉播權和商品授權，引進各項資源，向外界證明，跟他站在同一陣線可以獲得很大經濟利益。

這一招常用於董事會與執行長的鬥爭中。如果執行長能先一步除掉董事會裡的敵人，通常就可以成功保住自己的工作。如果董事會趁著執行長去度假或心有旁騖時串連起來，動員所有的支持力量，就可以在執行長發動反擊前逼他下台。由此能學到一個教訓：如果看到一場權力鬥爭隱約成形，千萬別只是坐著枯等，在你枯等之際，別人已經在集結所有支持力量，密謀串連以投票贏得勝利。

七、賞友罰敵

擔任股票上市公司的董事可以坐收名利。在某家醫療器材公司，董事會裡的薪酬小組主席跟執行長發生衝突，這位主席覺得公司業績不佳，沒有達到當初預期的利潤，公司股價也停滯不前。在此同時，執行長聘請外部顧問來幫他談判爭取更優渥的薪酬。結果董事會默許執行長的要求，執行長贏得勝利，不久之後，這位薪酬小組主席就退出董事會。是巧合嗎？或許吧。不過，其他董事們學到一個教訓：如果想保住職位就乖乖合作。

已故的約翰．傑可布斯（John Jacobs）曾經擔任《舊金山紀事報》（*San Francisco Chronicle*）政治線記者，後來進入麥克萊奇出版集團（McClatchy），他告訴過我，他以前還是個年輕記者時，寫了當時議會新任議長布朗的一些負面文章，然後就被告知他可能不准進入議會，如此一來，他這個政治線記者就難以執行工作了。只要他對布朗做的某些事寫讚揚的文章，馬上就會收到禮物。由此我們知道，傑可布斯和布朗之間所培養出的關係有因果邏輯。

在公司、政府、非營利機構，握有資源的人會利用資源來獎賞對自己有利的人、懲罰擋住自己去路的人。有魅力、彬彬有禮、誠實為上的加德納創辦了共同使命組織，是個很優秀的人，他在詹森總統任內擔任健康教育福利部長時（當時正值詹森發表「大社會」計畫，大幅擴張健康、教育和社會福利的方案），他告訴大家，他們有權反對他要做的事，但是他們的反對是會招來「後果」的。或許你會覺得以這種方式來動用權力似乎很無法無天，但是請拋開內心的設限，放手去做，因為你在權力競逐的路上會碰到很多賞友罰敵不手軟的人。

八、用遠大的理想包裝目標

如果你有一個很有說服力、很有社會價值的目標，那麼通往權力之路會走得平順點。並不是說要你拿某個社會公益理想為己所用，而是說，你可以把自己的目標跟某個社會上樂見且信服的價值串連起來，這樣你成功的機率就會更高。例如，反對艾瑟蔓在加州大學的努力，等於是背棄乳癌患者及其家人。看看庫魯一貫的說法總是：紐約（他到佛羅里達州服務時就換成邁阿密戴德郡）有成千上萬名學童被當前的教育體制放棄。他還會提到：他倡議的方法可以矯正學校真正的問題。摩西斯之所以能治理紐約長達數十載，就是因為反對他等於是反對公園，以及如他自己所說，站在公園這一邊就等於站在天使這一邊。

權力鬥爭很少會公然表明是為了私利，在危機與決策的關鍵時刻，聰明人都會撩撥「股東利益」，例如，「聘請新的執行長是符合股東利益的」，或是「聘請一位新董事是符合股東利益的」，或是聘請一批新的高階經理人等。樂夫曼當上哈拉斯賭場娛樂公司的營運長後就把眼中釘除掉，他的說詞是什麼？「因為這些人無法執行賦予他們的新任務」，因為公司已經改變策略，改用資料庫為主的行銷方式來提高業績。好比說，前一年才獲得董事長頒發「卓越表現獎」的行銷總監，很擅長製作蟹腳和房地產的廣告與攝影，也就是說，這個人很勝任過去的行銷方式。但是現在的行銷工作必須利用大量客戶資料庫來提高客戶購買力，而這需要分析能力，這個人可能就無法勝任。

樂夫曼常說，沒有哪個職位是某某人的禁臠，他自己也不例外，每個人都只是在替股東追求利益，股東才有權力把最有效能的人放在適當的位子上。樂夫曼這番話是發自肺腑的，他也真的替股東做到——股價從他在一九九八年接任時的十六美元一路攀升，到二〇〇七年秋天股市崩盤之前他完成最後一筆大收購時，已經漲到九十美元。不過，他這番「股東才是老闆」的談話其實只是一種話術，以一種社會喜歡且接受的方式來描繪他在這家博奕公司的權力。

如果你想有所貢獻，不管是為教育制度、為公共工程、為乳癌，還是為股東，就得握有權力，否則是成不了什麼事。因此，你得用一個比較遠大的理想來包裝你的目標，讓別人唯有支持你一途。

反敗為勝的3大策略

成功者多半都遭遇過挫敗，並且存活下來。以創業來說，大家也不會期待每一次創業都會成功。約翰．利里（John Lilly）是網路瀏覽器公司Mozilla的執行長，他第一次創業也談不上成功；瑞德．哈斯汀斯（Reed Hastings）是串流媒體服務公司Netflix極為成功的創辦人，他第一次創業成立的純粹軟體（Pure Software）也不怎麼成功，當時他還曾經炒自己魷魚兩次。好人有時會遇到壞事，問題是該如何復原、能不能復原。

一九九七年十二月一日晚上，艾默理大學商學院教授傑佛瑞．索納菲（Jeffrey Sonnenfeld）在聽到校警給他的留言後去警察局，以為只是一場惡作劇，結果並不是。警方指控索納菲（他在艾默理大學成立了一個領導訓練學苑，會邀集頂尖執行長和公家機關主管齊聚一堂，因此而聞名），說他破壞學校的新大樓，他們說握有錄影帶為證，要索納菲當場簽下辭職信，卸下有任期保障的正教授職位；他們一方面還做出承諾，只要他辭職，就不逮捕他。索納菲心想，反正教完這一年之後他就要去喬治亞理工學院接任商學院院長，艾默理大學這個職位他不在乎，再加上他擔心如果被逮捕的事情見報可能會危及喬治亞理工學院的工作。

不出幾天，艾默理大學的校長威廉．契斯（William Chace）打電話和喬治亞理工高層告知索納菲的事，於是喬治亞理工呈報給董事會的索納菲任命案就此喊停。契斯摧毀了索納菲的新工作後不久，他向《紐約時報》一位記者提及此事，這個詭異的案子立刻登上所有媒體。到了一九九七年十二月底，索納菲沒工作，甚至連個工作的影子都沒有，他的名聲徹底破產。很多人心想，當初捐錢贊助那個領導訓練學苑的人，以及他在學術界的朋友大，概不會有人出來挺他，還有些人甚至擔心他的生理與心理都會出現問題。

在對抗艾默理大學的這段漫長過程中，還是有很多支持索納菲的人跟同事仍然力挺他（不過並非全部）。如今，索納菲是管理實務學的教授，也是耶魯大學管理研究所副所長，負責高階經理人培育課程，他同時與人合寫了一本戰勝挫敗的書，援引政界與產業界的例子，也透過他自身的經驗來探討如何安然度過厄運降臨。

絕不放棄

強納森是美國一家芭蕾舞團表現優秀的主管，因為跟董事會發生爭執而丟了主管的職務，他第一個反應是：難堪。他對這個舞團做的貢獻都不再重要，現在他只覺得難以開口說明自己離職的原因。庫魯無法公開承認，甚至也不願相信，自己是被朱利安尼市長和紐約市教育局開除的；艾默理大學那場風暴之後，索納菲第一個反應是：減少向來非常活躍的人際往來；因為他覺得發生這種事很糟糕。難堪是丟掉工作時很正常的反應，即使根本不是你的錯。為什麼會這樣？因為我們跟旁觀者一樣，都受制於「世界是公平」的觀念（相信這是自己的報應），所以人們如果在權力鬥爭中戰敗，第一件事就是責備自己。

這樣的反應或許很自然，不過於事無補。強納森、庫魯、索納菲其實都有個故事可說——關於自己到底發生了什麼事、這事帶來什麼省思，而且不僅是講述自己，也講述對付他們的那些人。要把這段故事說出口，得先克服難堪以及羞於見人的必然情緒。如果想堅持下去並振作起來，就必須先停止自責，不要任由對手獨霸發言權，也不要懊惱自己毀了自己。

克服難堪情緒的最好方法是，盡快把事情的來龍去脈講給越多人聽越好。你會發現，原來支持你的人比你想像中還要多，而且別人不只不會責備你，還很樂意幫助你。此外，講的次數越多，你的情緒波動會漸漸變小，你會逐漸接受這件事，對這件事越來越沒感覺。不管發生什麼事，盡量不要讓自己的情緒受影響，這樣才能有清楚的腦袋對下一步做策略思考。

繼續進行可以讓你成功的事

能夠做到高階位置，一定是對那個領域的工作很擅長，雖然說工作表現並不是事業成功最重要的決定因素，但還是很重要，除非你都在睡覺，不然只要你達到高階職位，在經驗的累積之下，久而久之你一定會越來越駕輕就熟。換句話說，面臨挫敗時，不要聽信那些要你轉行的人的話，你的經驗和人脈已經定型，你的人力資本和社會資本都在某一特定領域，如果轉行，不管新行業有何優點，你等於白白流失了辛苦建立的資源和能力。

索納菲在一九九八年初接獲很多建議，告訴他應該做什麼行業，有的說他可以進入顧問業，有的說可以去家得寶居家修繕公司替馬可斯工作（馬可斯非常敬佩他在艾默理大學帶領的領導訓練學苑），不過索納菲過去並非全職顧問，也沒在企業擔任過高階領導人，完全沒有實地的執行經驗。他是個教育工作者，他之所以有名、登上全國電視、獲得《商業週刊》讚譽有加的報導，是因為他職掌了那個會邀集各個頂尖執行長來參加的會議，他們在開誠布公、非正式的氣氛下討論各項議題，索納菲在會議中是非常稱職的主持人與主辦人。雖然這個會議過去一直都是在艾默理大學舉辦，不過地點並不是執行長們從這個聚會中受惠的原因。

索納菲在亞特蘭大成立一個非營利機構：執行長領導學院（Chief Executive Leadership Institute）；他發現以前支持艾默理那個學苑的公司，也很支持他這個新組織。於是他把以前在艾默理的團隊帶過來，繼續經營原有的人脈，像是與那斯達克（NASDAQ，美國電子股票交易所）等機構，他以前幫他們辦過類似的會議。他繼續寫作和研究，由於沒有放棄這一部分，最後終於讓他獲得澄清的機會，CBS電視台的節目《六十分鐘》（*60 Minutes*）對他那一段困境做了報導，重建他的名望，讓他得以順利重返學術界。

表現出權威和成功的樣子

一位很成功的人力資源軟體公司前任執行長，他接下了一份工作，擔任一家外資創投公司的合夥人。這家創投的投資績效不太好，更重要的是，史帝夫很快就了解，他沒辦法跟國外的合夥人有效地共事。於是他們分道揚鑣，史帝夫的下一個工作是一家小軟體公司的執行長，這家公司是他過去在創投公司時所投資的。雖然他離開了先前的職位，現在掌管的公司規模既小又財務不穩，不過，和他講話時你絕對會覺得他一切都很好。他充滿熱情地談論目前的工作以及公司的前景，不願承認之前在創投的經驗是一項挫敗。現在史帝夫已經是一家國際大型研究顧問公司副總裁，他之所以能取得這個大位，部分原因是：他看起來彷彿從未失敗過。

每一種情況都有各種解讀的角度。你是自己離職還是被炒魷魚？你過去的工作是成功還是失敗？外人判斷的依據之一是你的表現方式。你看起來很樂觀嗎？你表現出權威和成功的樣子嗎？還是正好相反？這就是為何一定要有能力把當下沒有的情緒給表現出來（第七章提過），即使在險峻的環境下，也要讓外人感覺你一切安好，一切都在你的掌控之下。

人都會想跟贏家攀上關係。在你遭受厄運打擊、最需要幫助的時候，最好要表現出好像最後的勝利一定是你的，這樣才能獲得別人的協助。並不是說你不該告訴別人發生了什麼事，然後爭取他們的協助，而是你必須展現出足夠的實力和不屈不撓，才不至於讓可能的盟友認為幫助你是白忙一場。

對索納菲來說，控告亞特蘭大的艾默理大學是一件很費神的事，因為在亞特蘭大很難找到跟艾默理大學毫無淵源的法官或律師。此外，找錢來籌辦新的領導學苑也是一件難事。不過，索納菲不僅不認為自己在教育研究方面的能力有什麼問題，還深具信心，所以他能展現出不屈不撓，讓外人覺得他最後一定會成功。這股信心幫他吸引到成立新學苑的資金，畢竟，沒有人會捐錢給一個無法聚集足夠資源來完成使命的組織。從這點來看，表現出你將贏得最後勝利，最後才會真的應驗。

第10章　權力的代價：權力必須支付的5大成本

已故的諾貝爾獎經濟學家米爾頓．傅利曼（Milton Friedman）說過一句名言：「天底下沒有白吃的午餐。」每樣東西的取得都要付出成本，權力當然也不例外。當你在規劃該怎麼做才能取得大位時，請仔細想想你的努力是為了獲得什麼、你是不是真心想獲得。追逐權力並且順利取得權力的人，往往要付出代價——為整個追逐權力的過程、為自己緊抓不放的位子、為必然會面臨的權力換手。這一章將針對成功追逐到權力的人所付出的代價做探討。

成本一：備受關注並被放大檢視的壓力

二〇〇五年一月，美國一家大型製造公司的兩位員工展開一段兩情相悅的婚外情，其中一位已離婚，另一位仍然是已婚身分，沒有性騷擾，也不是其中一方施壓，完全是你情我願。每年有上千件、甚至是上萬件這類事件在上演，大多數對當事人的職業不會造成什麼影響，很少會受到大眾關注，不過這起婚外情可不一樣，因為男方是哈利·史東賽佛（Harry Stonecipher），波音公司執行長，而女方是波音一位副總。

接獲內部員工檢舉之後，波音公司的董事會開始關注這件婚外情，最後要求史東賽佛辭職，他也真的辭了。這例子的重要教訓：如果真要有什麼不軌的話，請在你攀到高位之前做，因為地位一高，就會成為同僚、部屬、上司和媒體關注的對象。

一旦你有權有勢，不只有大事才會受到嚴格檢視。庫魯掌管邁阿密戴德郡教育局時，輿論批評他開賓士車。還有一位記者覺得，庫魯在一家自助式餐廳用餐後沒有收拾自己的碗盤，是很重要的新聞。以上這些例子證明，握有權位意味著，不只工作表現會受到密切關注，你生活中的每個細節（包括穿什麼、住哪裡、閒暇時做什麼消遣、跟什麼人在一起、你的小孩在做什麼、你開什麼車、你在某個與工作全然無關的場合有何行為舉止），都會受到放大鏡檢視。

耶魯大學前校長巴樂特・吉邁帝（A. Bartlett Giamatti）就說過：「不是說我受到不公平對待，不過我從一介平民突然變成我的臉、我的衣服、我的雙手都有人鉅細靡遺在解讀。」組織行為學者羅伯特・薩騰（Robert Sutton）和查爾斯・葛盧尼克（Charles Galunic）指出，組織領導人會受到的公眾檢視包括：長期受到外界注意、嚴格監督表現、干擾、無情提問事情原委。這兩位學者認為，這樣的檢視會造成很多負面後果，對領導者和他們所帶領的組織都不好。

這些檢視會導致難以好好工作。如果你彈奏過樂器，我相信你一定記得第一次上台演奏的情況。如果你跟大多數人沒什麼兩樣，那麼對你來說，眾目睽睽之下演奏是難度很高的經驗；相較之下，如果觀眾只是你的音樂老師或父母，就容易多了。公開獨奏壓力大很多，這種壓力會造成忘譜，會比沒有觀眾時表現更糟。

社會心理學家用一個專有名詞來形容這種普遍現象：社會助長效應（Social Facilitation Effect）。他人在場的情況下，就算他們並沒有看著你，你會更有強烈動機要表現好的一面，也會更緊張不安。在某種程度下這是好的，但是超過這個程度，就不好了。動機跟表現之間的關係是呈曲線狀，到某個程度以前，動機與表現是成正比（動機越強，表現越好），不過隨著緊張情緒越來越強，處理資訊與做決策的能力就會降低，表現就開始下滑。

社會助長效應的研究顯示，有別人在場時，因為動機增強以及心理上受到激勵，像是跑步或走路這種簡單又不須動腦的熟練動作會表現得較好，但如果是剛學習的、較新穎的、較困難的事就會表現較差。每個人熟練的事都不相同，不過一般來說，一再重複的簡單動作（例如工廠組裝線的工作），會因為社會助長效應而受惠，而需要動用複雜智力的工作（例如分析複雜、多層面的資料來做決策），會因為社會助長效應而受害。如果是無法透過一再練習而完全常規化的事，有旁觀者在場就會出現負面效應，這就是演員這類的表演者在公開演出前得多次彩排的原因。

能見度增加的另一個代價是：努力會分散。人往往會在意自己的名聲和形象，因此會花時間塑造形象，而大眾越是拿著放大鏡檢視，花在維護形象的時間和資源就會更多，排擠掉真正花在工作上的時間。

股票上市公司執行長的生活就是很明顯的例子。一項針對美國執行長的調查發現，他們有一一%的時間用於公司治理和行政事務，包括向投資人報告營運狀況、股東大會、一季一次的視訊會議等。再進一步細究這一一％時間代表的意義，接受調查的執行長們投入公司營運的時間是一一％，而他們投入產品開發的時間少於一一％。調查日本七十九位執行長後發現，即使是在日本這個不太注重股東的文化裡，這些執行長還是說，他們花在維繫股東關係的時間，甚至比花在工會、員工訓練、外部問題三者加總起來的時間還多。

隨著能見度增加，必然會出現一些需求必須去處理，因而造成心力分散，如此一來會嚴重削弱個人和組織的表現。諾貝爾獎物理學家理查．費曼（Richard Feynman）在自傳裡提到，隨著獲獎而來的關注，往往使得獲獎人無法繼續從事當初讓他們得此殊榮的研究工作：

> 「大部分科學家都知道一個不怎麼好玩的超定律：誰得了諾貝爾獎，就代表他事業生涯中有生產力的年代已經劃下句點……諾貝爾帶來的名望和殊榮往往會加速科學家的衰退……，使他無法再像以往一樣投入大量時間與全心的狂熱，而這些常常是創造性工作所需要的。」

華樂絲公司（Wallace Company）是第一家贏得美國國家品質獎（Malcolm Baldrige National Quality Award）的小型製造商，隨之而來的是一大堆媒體與大眾的關注。結果，拜訪、媒體訪問、記者會果然分散了這家公司的心力，最後以破產倒閉告終。該公司一位高層說：

「儘管這並不是明文規定的義務，但拿到國家品質獎之後，同時也有義務站出去傳福音，而且還得敞開公司讓想了解你們的制度與流程的人參觀。這一點是很好啦，不過如果你們公司正面臨存亡關頭，這就會造成財務負擔，而且變成不務本業。」

能見度還有另一個代價。由於會有必須隨時「看起來很不錯」的壓力，不管是人或公司都會變得不願冒險或創新，只肯選擇安全的路來走。這或許正是克雷頓．克里斯汀生（Clayton Christensen）所謂的「創新的兩難」。克里斯汀生提出，公司一旦變大、成功，就很少會引進業界下一代的創新，尤其如果那項創新會打斷該公司現有的商業模式的話。即使大型的龍頭公司一般來說都有「足以把新技術引進市場」的必要智力和財力，甚至這些新技術根本就是他們自己研發出來的，但不願創新的情況還是會發生。這種情況在半導體業相當明顯，在半導體業中，每一代的新技術都會造就出新公司，然後稱霸業界。在大眾的嚴格檢視、以及股票分析師與媒體要求要表現穩健之下，業界龍頭不願意損失一季的業績，也不願冒風險。正因為外界的檢視會有如此高的代價，所以盡可能低調行事是有好處的，不管是個人還是公司想打造通往權力之路，都請像鴨子划水般低調進行。

成本二：喪失自主權

詹姆斯・馬區（James March）是非常傑出的組織學學者，也是政治學家，他曾經說過：權力和自主權只能二擇一，無法兩者兼得。他說的真對。我問過以前一位同事，他當上商學院院長之後有何改變，他的回答是，他喪失了掌控自己時間表的權利。以前他可以運動、花時間思考反省、做自己有興趣的事，然而現在有很多人和贊助者等著要見他。就像很多高階領導人一樣，他的「辦公室」替他安排時間，除非他主動去要求，在替他安排行程前先空出私人時間給他，否則他完全沒有空閒時間，甚至連推動自己任務的時間都沒有。

剛剛坐到高位時，各方都希望你投以關愛的眼神，這是一種恭維（畢竟有如此多人想見你是一件很棒的事）。因此，剛剛高升的人往往會因為各方競相爭奪你的時間而應接不暇。由於不想拒絕別人的邀約（因為極需這些人的支持和關注），位居高位的人往往很快就發現自己的時間表排得滿滿的，工作時間也超長，這些事耗掉他們所有精力，導致無法應付工作上突發的挑戰。一陣子過後，我認識的執行長和高階主管大多會挪出時間給自己，做自己想做的活動，不過他們一致認為，坐上有權力的位子後，喪失時間的掌控權是最大的代價之一。

成本三：犧牲家庭和個人生活

建立權力與維繫權力一定得投入時間和努力，別無他法。時間如果用於追逐權力地位，就無法用於其他事，例如嗜好、私人關係和家庭。追逐權力通常要付出喪失私人生活的代價，雖然所有人都如此，不過女性尤其嚴重。

法蘭西斯．康莉（Frances Conley）是第一批女性神經外科醫生之一，她退休時已經是帕羅奧圖退伍軍人醫院的幕僚長、史丹佛醫學院副院長，也是一位術業有成的研究人員，她的研究工作促成一家生物科技公司誕生。根據康莉的自傳所描述，醫療研究方面的生活很吃力，她的先生菲爾（哈佛企管碩士）離開企業界，為他們倆和其他人做投資管理，在她背後扮演全力支持的另一半、以及煮飯、照顧家裡。菲爾偶爾會很不滿，她的太太總把病患和公司放在第一優先。至於生小孩，康莉在書中寫道：「到一九八二年我接受任期評鑑時，我和菲爾已經決定我們不生小孩。我們的生活似乎不適合生小孩，不管我的角色是學生、實習醫生、住院醫生，還是擔任教職，我總是一心一意想成功。」

情況至今仍然沒有什麼不同。二〇〇九年，某間大型鞋業公司一位很有前途、潛力驚人的四十一歲女性主管告訴我，他們公司職位排名前一百的女性當中，只有非常非常少數是處於有小孩的傳統婚姻狀態，部分女性主管是單身（像她一樣），部分結了婚但沒小孩。談到自己的情況，她說她沒有真正的私人生活：她為工作搬好多次家，男人常把她視為「威脅」，因為她是強勢又成功的女性。安卓亞．黃（Andrea Wong）是人生電視台（Lifetime Television）執行長，也是ABC電視台前任高層，在ABC開創了許多最早的實境節目，她目前四十出頭，未婚。有一位女性高階主管在中國替一家大型石油公司掌管零售業務，她雖然結了婚也有小孩，不過她先生沒有在工作。儘管還是有一些強勢又成功的女性，她們的配偶同樣有成就，例如希拉蕊和柯林頓就是最有名的例子，不過這類情況仍然是特例，並非常態。

社會學家漢娜・波旁妮克（Hanna Papanek）形容，女性對先生的職業通常是抱著「兩人一事業」的態度，也就是太太會擔任配合的角色，給先生建言和支持、取悅先生的同事、讓先生不必做日常瑣事，以此來成就先生的事業。雖然這類輔佐的角色幾乎都是太太在扮演，不過男人也做得到，就像前面舉的幾個例子。我聽過很多職業婦女說，她們「需要一個太太」，意思是她們需要有人來幫忙她們追逐成就。兩個有能力的人共同做一份事業，可以投入的時間和資源都會更多，成功的機會自然會增加。職場的現實就是如此，在調查頂尖學校法律、醫學、商業等科系畢業的學生後發現，大多數女性畢業十五年後已離開職場，或者暫時離開。

事業成功與家庭之間必須有所取捨，再加上大多數工業化國家的社會政策並沒有提供協助來解決這種情況，所以幾乎每個先進國家的出生率都低於人口替代率，只有法國例外。研究顯示，結婚生子對男性的事業不是沒影響就是有正面影響，而大部分研究顯示，結婚生子對女性的事業有負面影響。

簡單來說，魚與熊掌不可兼得，要追逐權力就得有所取捨，包括捨棄私人生活。男性其實也有時間分配的難題要面對，他們一天一樣只有二十四小時，事業成功對他們來說同樣要付出代價。我回想起瓦倫帝（他擔任美國電影協會會長三十八年）憂心忡忡地說過，他的野心一直是他人生中一股「黑暗的思緒」，把他帶離家庭，他擔心自己沒有花足夠時間陪伴小孩（說是這麼說，他直到八十幾歲仍把自己的行程排得滿滿的）。瓦倫帝在華府有棟房子，在加州洛杉磯也有間公寓，他太太一直不想搬到加州，不過不管如何，他的工作需要他往返加州與華府兩地。電影公司大頭們和電影產業主要都在洛杉磯，而遊說政府的工作主要是在華府和海外，所以雖然來回奔波很辛苦，但東西兩岸都有據點，對瓦倫帝的工作很有幫助。

追逐權力、維繫權力，都必須捨棄與朋友家人共度的時光，有些人願意付出這個代價，然而追逐權力的過程還要付出其他成本：時間、精力、專心一意。

成本四：不是每個人都可以信任

有個簡單的真相：地位越高，權力越大，覬覦你位子的人就越多。因此，坐擁大位會出現一個問題：你要相信誰？有些人會等著趁你失勢時為自己創造機會，不過他們不會坦白告訴你；有些人會討好你，說你想聽的話，你就會喜歡他們，幫助他們升官；還有些人以上兩件事都會做。

哈拉斯賭場的執行長樂夫曼說過：「你在組織裡的地位越高，就會有越多人說你是對的。」這會導致缺乏批判性思考，領導人將難以得知真相，這對公司和領導人都不是好事，因為如果連問題在哪都不知道，就更不必奢談解決方法了。樂夫曼克服這個問題的方法是：他會習慣性地公開承認自己犯下的錯誤，其他人也會有勇氣承認自己的錯誤。另外，他非常注重決策制定的過程（務必要透過數據和分析來做決策），而不是把重點放在「是誰」做的決策。樂夫曼很明白，有權位的人很容易流於自以為是、相信自己的高談闊論。這個問題並不好克服，因為自以為是是人的天性，不過樂夫曼努力克服這種天性，他盡量聽取外人的意見（與公司沒有利害關係的外人），在公司裡鼓勵辯論和批判性的自我檢討。

樂夫曼成功帶領哈拉斯賭場，加上他的位子在博奕產業舉足輕重，某種程度來說使得他成了政變絕緣體，不過並非所有坐擁大位的人都能完全免於窩裡反。派翠西亞．席曼（Patricia Seeman）是瑞士一位高階經理人訓練師，曾擔任過無數高階主管的顧問，她告訴我，在一般的高階管理團隊中，所有直接向執行長報告的人都認為自己夠格擔任執行長，有些人甚至覺得自己可以做得比現任執行長還要好，最接近老闆的人最會覬覦老闆的位子。有些人願意靜候自己的時機來到，希望現任下台時自己能雀屏中選，不過有些人會採取先發制人的方法，窮盡一切努力往上爬，因此執行長如果希望位子坐得穩一些，就得有能力分辨出誰對自己有害，還要夠強悍先把這些人剷除，以免自己在權力鬥爭時中箭落馬。執行長的職位如此，高階主管也是如此，尤其是有野心勃勃部屬的主管。

羅斯．強森（Ross Johnson）是納貝斯克休閒食品公司（Nabisco）前任執行長，他最有名的事蹟是他在史上首宗大筆融資收購交易的角色，該交易就是雷諾納貝斯克（RJR Nabisco）交易案，《門口的野蠻人》（*Barbarians at the Gate*）一書中對此有詳細描寫。不過，他真正最厲害的是以高明手腕坐上執行長大位，把那些天真相信他的對手給一一剷除。強森一手主導將標準品牌食品公司（Standard Brands，他擔任執行長）併入龐大的納貝斯克，表面上他成為納貝斯克第二號人物，但其實內部強敵環伺。其中一位強敵是狄克．歐文斯（Dick Owens）——納貝斯克的財務長，在合併案完成後晉升為執行副總，獲派擔任董事。「歐文斯想要什麼，強森一律給他，也批准任用歐文斯要求的新助理。在強森不斷釋出的善意之下，歐文斯的財務領地大幅擴張。」然後強森去找執行長，告訴他說，歐文斯建立了一個太過龐大又太專權的財務王國，於是歐文斯就被撤換掉，由強森頂替。

接下來，強森用諂媚和一片好意的姿態，不著痕跡地把執行長剷除掉。強森要求公司以執行長的名義，捐贈一個講座給美國紐約佩斯大學（Pace University）會計系，還努力爭取董事會答應以執行長的名字來替公司新成立的研究中心大樓命名。沒多久之後，強森就當上納貝斯克的執行長，強森的盟友恍然大悟：「名字刻上大樓的同時，等於宣告他們的死亡。」

當你握有權力的時候，不宜太過信任單一個人，除非你很確定這個人的忠誠度，也確定他沒有覬覦你的職位。當你握有眾人垂涎的職位時，另一個要付出的代價就是得時時提高警覺，確保自己聽到的是實情，在強敵環伺之下確保自己的職位穩坐無虞。

成本五：權力是會上癮的毒品

尼克．賓克利（Nick Binkley）是吉他手、作曲家（製作過好幾張CD），畢業於科羅拉多學院（Colorado College）政治系，在約翰霍普金斯國際研究學院（Johns Hopkins School of Advanced International Studies）拿到國際研究碩士，他明白全職做音樂無法養活自己，於是轉往金融界發展。一九七七年，他進入加州的太平洋安全銀行（Security Pacific Bank）擔任協理，然後一路高升，一九八三年晉升到這家銀行控股公司的金融服務系統部門，最後成為太平洋安全企業（Security Pacific Corporation）副董事長，負責旗下非銀行類的子公司，包括創投和個人理財，例如個人信貸。美國銀行（Bank of America）在一九九〇年代初買下太平洋安全企業之後，賓克利成為美國銀行副董事長，也是董事會成員。

擔任高階職位時，賓克利享受到權力帶來的種種特權。他說，他曾經跟太平洋安全的執行長一起搭私人飛機去日本吃午餐，吃完後馬上飛回來。他有管道進入非營利機構董事會；只要他想要，歌劇和音樂會的門票隨時可得；還有直升機、私人飛機、豪華轎車可以載著他到處趴趴走。美國銀行買下太平洋安全時，賓克利拿到「黃金降落傘」做為萬一失業的保障（黃金降落傘是高階經理人和公司之間的協議。根據協議，在公司經營權換手或該高階經理人下台時，可獲得龐大利益，包括遣散費、紅利、認股權等。因此黃金降落傘是高階經理人的最佳保障）。兩家銀行合併後，雖然美國銀行執行長鼓勵他留下來，但他明白自己是個位居高階的外人，未來不見得安穩無虞，所以在他的降落傘即將到期失效之前，他決定「拉下繩索，張開降落傘」，跟創投部門幾位同事一起離開，出去成立一家創投與私募基金。

如同賓克利所形容，今天他還是美國數一數二銀行的副董事長，到了明天卻什麼都不是。這樣的轉變真令人難以接受。他指出，在大公司擔任高階職位的人，一定要有大量精力才能度過日理萬機的一天，也需要有一定的強度，用他的話來說，「像吃了咖啡因一樣亢奮」，因為一旦要離開這樣的職位，停止這樣的活動，幾乎「就像是一輛車從時速一百四十公里突然完全停下來」。腎上腺素不再激增之後，緊接而來的是發自內心的生理反應：你突然從一個人人奉承、對你言聽計從、以你為中心的宇宙，變成一個比較正常的、不是聚光燈焦點的存在。賓克利說，大企業高階經理人平常往來的都是一些「要角」，也就是跟他們身分相當的人，一旦沒了工作，這些人脈就沒了，因為這些人大多是因為你有身分地位才有興趣跟你往來。對很多在權力與金錢遊戲中呼風喚雨的人來說，當不再是要角或精英成員後，會有很強烈的失落感。

賓克利形容，失去權力後在生理與心理上都會出現戒斷症候群，像他的身體就出現病痛，難以入睡；他無法想像戒毒還會比這更困難嗎？失去權力（雖然是出於自願）甚至對他的婚姻形成壓力，不過最後他的婚姻不只保住還更堅定。如今，賓克利是舊金山禪修中心（San Francisco Zen Center）外部理財顧問董事（在對付「權力戒斷症候群」的期間，他向外求助，被禪修中心的佛教打坐與靈修給吸引），也任職於大企業的董事會，同時慢慢結束掉經營十七年的創投營運。在那個瘋狂投注精力與注意力的權力世界裡，不想喪失自己的認同與價值也很難。

二〇〇五年，我在倫敦商學院（London Business School）客座講學時，奇異電器前任執行長威爾許到學校來演講，同時推銷他最新的著作。威爾許非常陶醉於學生們的奉承，我心想：「他的人生已經那麼有成就了，為什麼還要在退休後做這些呢？」一個合理的推測是，不只威爾許，對所有從大位退下來還繼續擔任好幾家公司董事、維持緊湊步調的人來說，他們已經習慣過去上班時的瘋狂忙碌生活，一旦沒了工作，還是得重新創造過去的那種忙碌生活，讓腎上腺素隨時維持在高檔，如果可能的話，還要有他們過去習以為常的諂媚奉承。

人如果沒有工作，死亡的風險會立刻升高——不只是因為財務壓力變大或欠缺醫療保險。正如麥可・馬默特（Michael Marmot，他是英國研究人員，研究社會地位對死亡的影響）所寫：「不工作之所以會影響到健康，原因之一是，不工作代表喪失社會角色，也失去這個角色所擁有的一切。」

權力會叫人上癮，在心理與肉體層面都是。和重要人物一起參與重要討論會令人血液沸騰、興奮，隨時有人任你使喚也會叫人難以割捨，就算你是自願選擇退休或離職，就算你賺的錢這輩子已經花不完，都一樣。在一個極度重視權力與名氣的文化裡，「失去權力」等於走出聚光燈焦點、不再活動，跟隱形人沒什麼兩樣。這是很難適應的轉變，正因為如此，有些高階經理人會避免轉換到權力較小的角色，例如花旗集團的威爾以及ＡＩＧ保險的漢克・葛林堡都工作超過一般的退休年紀，最後因為不願意交棒而被董事會趕下台。ＣＢＳ

電視台的比爾・佩利（Bill Paley）問幫他寫傳記的莎莉・史密斯：他到八十幾歲還一手掌控這家媒體，為什麼還是得死。這些例子以及其他無數案例，都在在證明權力的另一個代價：因為會叫人上癮，所以很難戒掉。不過終究還是得下台一鞠躬，沒有人能例外，而且因為權力具有像毒品般的特質，所以對某些人來說，離開權位真的是一種痛苦的經驗。

在本書的簡介中，我們討論了獲得權力地位的好處：更長壽健康、可以創造財富、能夠完成重大的組織與社會變革。在這一章，我們討論了權力的另一面：獲得權力與保有權力必須付出的代價。你不見得應該迴避權力，不過有必要認清權力潛在的壞處。在決定要不要爭取權位時，請務必好好衡量這些得失。

第11章　為何會失去權力

即使坐到了有權力的高位，也很少能就此高枕無憂。執行長這個位子的權力越來越大，在美國尤其如此，不僅掌控龐大財務資源，有全權可以帶進自己的人馬，可以剷除挑戰自己權威的部屬，甚至可以左右董事會成員的挑選，儼然就是董事們的老闆。儘管如此，根據博思艾倫管理顧問公司（Booz Allen）的報告，從一九九五年到二〇〇六年，企業執行長的年流動率增加了五成九，全世界皆然，不只美國如此。同樣在這段期間，執行長被炒魷魚或被迫自動下台的比例增加了三．一八倍。

其他行業的領導人也沒什麼不同。有一項針對商學院院長的研究指出，英國商學院協會（Association of Business Schools）一百位成員中，過去兩年有四十一位現任院長異動。在美國，學生人數超過二萬五千名的學區，教育首長的平均任期不到六年。現在醫療組織領導人的任期也越來越短，因為這個行業的挑戰與不穩定日漸增加。就連美國紅十字會這類志工組織也出現領導階層的騷動。

如果你費盡心思才坐上大位，坐久一點當然比較好，每個失去權位的例子都各有原因，不過有些常見的原因還是得盡量避免。雖然說權力到最後還是非得交出去不可——人都會變老，終究要下台一鞠躬，但並不是每個人都會那麼快就大權旁落，還是有很多人有能耐保住位子多年。瓦倫帝就是一個好例子，他在美國電影協會會長的位子上坐了將近四十年，而且頂頭上司是各大電影公司巨頭，這些人可不是世界上最仁慈或最好的老闆。布朗擔任加州議會議長長達十年，要不是因為議員有任期限制，他那個位子大概還會繼續坐下去；艾爾孚瑞德．史隆（Alfred Sloan）當了二十三年的通用汽車執行長以及十九年的董事長；摩西斯總管紐約的公園、橋梁、公共工程將近四十年，比很多大權在握且赫赫有名的市長和州長都還久。簡言之，維繫權力很不容易，也越來越困難，不過並非不可能。

別被權力衝昏頭

「權力使人腐化。」這句古諺所言甚是，只不過「腐化」這個形容詞大概還不夠精準。

柏克萊大學社會心理學家達契爾．凱特納（Dacher Keltner）和同事認為，權力會讓人們更主動去取得自己要的結果，而且變得比較不「節制」，也就是比較不遵守社會的常規和約束，這是得到權力之後很自然的結果。在下位、權力較小的人會奉承有權力的人，以便獲得上位者的喜愛，而上位者就很容易把自己的欲望和要求視為理所當然，他們會習慣每件事都要如自己所願，習慣別人對待他們有如上賓。雖然他們可能很清楚這些特殊待遇是來自他們的權位、他們所掌控的資源，不過久而久之這種意識會慢慢消退。我有一位在英國石油公司擔任高階主管的朋友，他對他們的執行長有近距離的觀察，他告訴我說：「不管最初的目的和抱負是什麼，到最後一定會被權力沖昏了頭。」

不斷有研究發現，權力會讓人過度自信、喜歡冒險、對他人無感、對別人有刻板印象、把別人視為滿足自己的工具之一。在一項研究中，大衛．吉普尼斯（David Kipnis）讓受試者置身於一個模擬的工作環境中，且擁有部屬。其中一部分受試者雖然是經理人，但是對資源沒有真正的掌控權，必須以說服的方式來取得影響力，另外一些受試者則是大權在握，有權對屬下進行獎懲。結果顯示，越是有權以加薪和減薪等方式來掌控他人者，越會試圖左右部屬。此外，權力越大的人往往會把部屬的工作表現歸功於自己領導有方，不會歸功於部屬的努力或幹勁。正因為上位者自認為高部屬一等，所以與部屬相處的意願不高，會和那些較沒有權力的人保持距離——即使在這個實驗中，誰是經理人、誰有多少權力根本都是隨機挑選，只是暫時的，結果也一樣。

有越來越多研究顯示，人們很容易就會染上權力心態，也就是出現各種不尊重人、無禮的行為。光是請他們回想以前當權、要什麼有什麼的時候，或是只給他們一點點權力，讓他們有權打賞一些毫無意義的東西給臨時湊數找來的陌生人，都足以讓他們馬上陷入高高在上的心態（如果請他們回想以前沒權沒勢、要什麼沒什麼的時候，就完全不同了）。

有一個研究「權力效應」的實驗很有名也很有趣，就是柏克萊大學的「餅乾研究」，他們找來三個陌生人一組，談論一個冗長又無趣的社會議題三十分鐘，由主持實驗者隨機挑選其中一人來給另外兩人打分數，分數好壞不會有任何影響。等到主持實驗者拿著一盤餅乾出現時，三位受試者很自然地各拿了一塊，而那位被隨機挑選出來給另外兩人打分數的人，很可能會拿第二塊餅乾起來吃，還會嘴巴張開大口吃，甚至連臉上和桌上都沾了餅乾屑。

過度自信以及對別人無感，會讓人失去權力，因為滿腦子只想著自己的時候，絕對不可能照顧到他人的需求，他人會因此心生怨懟而帶來一些麻煩。相反地，沒有被權力沖昏頭、沒有一副大權在握的樣子，可以幫助你保住權位。莎法拉．凱茲（Safra Catz）就是一例，她一九九九年進入甲骨文公司時，角色定位不明，如今已經當上這家大型軟體公司的總裁。

甲骨文一向會定期檢討知名度高的高階領導人，包括前任總裁瑞・雷恩（Ray Lane），以及離開資深副總一職自行創辦Salesforce.com的馬可・班尼歐夫（Marc Benioff）。這家公司似乎特別不喜歡高階經理人的知名度太高。凱茲不喜曝光，也盡量避免搶走創辦人兼執行長賴瑞・艾利森（Larry Ellison）的鋒頭，雖然凱茲有錢又有權——她名列《財富》雜誌全美國最有權力女性經理人榜單。但她總是知所進退，如同亞當・藍辛斯基（Adam Lashinsky）對她的描述：「一開始她甚至連辦公室都沒有，就窩在艾利森辦公室一旁的大圓桌辦公……甲骨文某個專做聯邦政府生意的部門的一位高階經理人安排和凱茲開會，想知道她在做什麼，根據與會者轉述，凱茲說：『我是來這裡幫艾利森的。』」

有權力的人一心一意只想達成自己或組織的目標，不會放太多注意力在沒權力的人身上，不過可能會因此讓他們丟掉工作。

心臟病學家柏娜汀・希莉（Bernadine Healy）在美國紅十字會會長的位子上只坐了兩年。從很多角度來看，紅十字會一直是個麻煩多多的組織。身為血液銀行業最大提供者之一，紅十字會追蹤及篩檢捐血人的作業流程一直飽受美國食品藥物管理局（Food and Drug Administration）的批評，九一一恐怖攻擊過後，也被外界抨擊它利用這場災難募集大筆金額，卻將大部分款項用於日常營運或是其他災難救助。從一九八九年開始，到二〇〇一年十二月希莉被開除，這期間紅十字會一共歷經三位會長以及四位臨時會長。

當初希莉是抱著決心要整頓這個深陷困境的組織，她以為自己獲得充分授權可以大刀闊斧改革。紅十字會向來有地方分權的傳統，由地方分會自治，龐大的五十人董事會主要由分會選出，不喜歡批評，也不會因為高層施壓而讓步。諷刺的是，希莉的權力之所以開始瓦解，起因是紐澤西州一個很小且窮困的哈德森分會出現財務處理失當──該分會會長盜用公款。《紐約時報雜誌》（*New York Times Magazine*）一篇報導指出：「資深行政管理人員認為希莉應該要將那個會長停職但留薪才對，而且他們反對外部查帳人員介入。」

如果你已經大聲指出某些人犯了錯，即使你握有名正言順的權力，或甚至你的處置是對的，你也無法贏得那些人的支持。上位者很難站在別人的角度看事情，不過如果想生存下去，就得克服自己的主觀想法，注意周遭環境的政治態勢。

席曼（管理顧問，專門培訓瑞士的高階經理人）說，保住權位最好的方法是不斷地讓自己腦筋清楚、取得平衡。她的意見是：「除非你非常了解自己，不然你絕對控制不了自己。」席曼告訴我，瑞士再保險公司（Swiss Re）前任董事長的建議是：「要隨時保持腦筋清楚，就必須不時地置身於『不在乎你權位大小』的社交環境中。」所以這位聰明又有權力的高階領導人會不時重返小學母校（位處阿爾卑斯山某個村莊），對他的小學同學來說，他還是七歲時的他。

可惜，爬到高位的人大權在握之後，通常不喜歡回想過去的自己，也不喜歡回顧來時路，他們甚至可能會遺棄一路跟隨自己白手起家的糟糠之妻，或是棄絕舊識，以免想起沒權沒勢的自己。某種程度而言，如果能夠抗拒隨權力而來的這些行為改變，就比較可能保住自己的權力。

過度信任

一旦有權力且成功之後，往往會過度自信、觀察力漸退，還有就是信任他人、對他人的保證信以為真。隨著你的警惕心消退，對別人的意圖會越來越不察，別人就有機會把你從權位上拉下來。

設於北卡羅萊納州夏洛特市的眾國銀行（NationsBank）和總部設在舊金山的美國銀行，一九九八年合併時，原本預期是一樁對等、兩家經營團隊共同治理的合併。美國銀行的執行長大衛．寇特（David Coulter，畢業於卡內基美隆商學院）一心認為這是雙贏的合併案，他把這項合併案視為只是腦力上的挑戰，目的是提高股東權益及強化整個組織，所以他對權力共享的保證深信不疑，壓根兒沒發現權力的角力已經悄悄展開。他相信眾國銀行執行長休．馬考爾（Hugh McColl）的承諾：寇特一定會在合併後的公司占有重要地位。大衛．戴門瑞斯特（David Demarest，曾在布希總統任內擔任白宮媒體公關處長）是當時合併時美國銀行的副總兼企業公關總監，他描述了當時的情況：

「當時的景象實在令人難忘。我和寇特、馬考爾一起去跟《夏洛特觀察報》（*Charlotte Observer*）進行媒體會談，馬考爾幾乎是含著眼淚敘述寇特有多棒，還說他自己可能會提早退休，因為他已經看到寇特的價值。那真是一場精采的表演。不到幾週，所有承諾——即『我們用人唯才』，開始一一瓦解；此時開始有謠言說，寇特正在與法律顧問討論能否撤銷這起合併案。消息傳開來之後，馬考爾開口說『夠了』，然後夏洛特當地的媒體就跟著開始說：『哇，合併前的美國銀行原來這麼亂七八糟。』然後就看到他們如何處心積慮把寇特除掉。」

寇特對馬考爾所說的話深信不疑（據說馬考爾的桌上一直放著一顆未引爆的手榴彈），因而丟了工作。合併後不到三個星期，寇特辭去美國銀行總裁職位，一位媒體記者指出：「馬考爾給美國銀行那些輕信他人的人上了一課震撼教育，美國銀行的人忘了戰爭是殘酷的。」

類似寇特遭遇的人並不少見。人會不擇手段來取得權力，你不該相信他們會說到做到。新加坡在位很久的總理李光耀，是因為搭上親共運動才取得權位，他竊用共產黨的語言、順勢抓住權力，掌權之後就背棄他的共產黨盟友，不只一腳把他們踢開，甚至還把他們打入大牢，他的說詞是：

「首先，我們得趕走英國人……因此必須盡可能動員各個團體的支持，盡可能贏得絕大多數人民的民心……你得先取得權力，然後有了權力之後你會說：『有問題嗎？我有說過這些話嗎？如果真的有，那就忘了吧，別當真。』」

李光耀和他的政黨在新加坡掌權數十載，他從沒忘記自己是如何起家的，所以對潛在敵人與反對黨絕不手軟，更不會過度相信別人嘴巴上的好聽話。作家史坦．謝瑟（Stan Sesser）把新加坡形容為「恐懼之城」，他筆下詳細描述了反對黨領袖等多人戰戰兢兢、極力想討好李光耀和他的手下。

對人的信任要達到什麼程度，一個方法是觀其行。俗話說得好：「聽其言不如觀其行。」美國銀行與眾國銀行的合併案中，馬考爾略勝寇特一籌。把原本「兩家銀行董事席次各半」的協議推翻，還取得同意將合併後的銀行設在夏洛特，這項舉動應該已經是個徵兆，顯示馬考爾在意的是掌控權，而不是股東權益。合併後的董事會席次為十三比十二，眾國銀行較多，注定了寇特在接下來的權力鬥爭中必輸無疑。

人會失去耐心

二〇〇九年，馬德斯托．麥迪克主動卸下邁阿密佛羅里達國際大學校長一職，他擔任這個職位已經長達二十三年之久，這位古巴裔美國人成為佛羅里達在位最久的大學校長，也是全美國任期第二久的研究型大學校長。麥迪克是邁阿密當地名聲響亮的人物，曾經聘任庫魯

（就是獲選為全美國最佳教育局長後就被開除的庫魯），為什麼麥迪克能在政治鬥爭如此激烈的位子上坐那麼久，而庫魯卻辦不到？原因有很多，顯然兩人的職位有所不同，不過「耐心」肯定是因素之一。

麥迪克向我解釋：在一個眾所矚目的大型機構中擔當大位是很困難的，你得勤跑你不見得喜歡的活動（婚禮、猶太成年禮、募款餐會、喪禮），有時你寧可去做別的事，不過你非去不可，一方面盡社交義務，另一方面鞏固攸關工作的重要人脈。更何況，位居大學校長這種動見觀瞻的職位，每個人（學生、老師、校友、民眾、職員）對你該怎麼做比較好都各有意見，很多人還會無所顧忌地大肆公開談論自己的看法，這些人大多不知道自己在說什麼，他們也從未做過如此困難的工作，譬如掌管一家有三萬八千名學生的大學，而且研究經費快速擴張。久而久之，你很容易就會耐心全無，然後開始抨擊那些讓你綁手綁腳的差勁笨蛋——除非，如同麥迪克所說，這些差勁笨蛋會讓你丟掉工作。在教育界服務了數十年，庫魯早就對各方贊助以及雞毛蒜皮的小事失去耐心，也漸漸不在乎有成千上萬學童落人於後，他不再願意謹言慎行。反觀麥迪克，在他職掌佛羅里達國際大學的數十載當中，不論內心真正的感受如何，他總是能耐著性子，維持一貫迷人的舉止風度。

掌權之後很容易失去耐心，因為權力會讓人不壓抑、不注意言行、只在乎自己而不在乎別人的感受，而失去耐心會讓人失控，也容易冒犯別人，最後可能賠上工作。

疲累，讓人放鬆警惕

壓抑自我、持續不斷地注意他人的一舉一動，這是一件難事，再加上取得權力與維繫權力需要長期投入心力，久而久之會開始疲累，警戒心開始降低，也開始願意妥協和讓步。人往往只會看到自己想看到的、期待看到的，而一旦身心疲累不堪，這種傾向就會更強烈。

東尼．列維坦（Tony Levitan）和同學孚瑞德．坎堡（Fred Campbell）想成立一家人人平等的獨一無二公司，他們一九九三年從商學院畢業後就開始著手，成立了後來的eGreetings電子賀卡公司，一開始在網路上賣電子賀卡，後來變成用送的。坎堡擔任執行長，列維坦是共同執行長，他們採取共同領導的模式，職銜也與眾不同；列維坦自稱是「混亂製造者」，代表他們想打造一個讓員工可以盡情玩樂的地方。他們公司在一九九九年以EGRT的代號做股票上市，不過還是無法倖免於網路的崩盤，最後以少少的金額賣給美國賀卡公司（American Greetings）。然而，這時列維坦早就已經離開公司。

創立一家新公司是很吃力的工作。坎堡說：「我是會一頭栽進去的人，所以一週七天都在工作，就算人不在工作，腦袋還是想著工作。這對我很傷，最後終於崩潰。」他開始和列維坦共事時，他說自己的狀態有五年時間是良好的。

列維坦也開始承受不了壓力和日常工作的拖磨。坎堡宣布要離職時，列維坦並未要求董事會讓自己成為唯一的執行長，反而聘請獵人頭公司在外部尋找接替人選。不過當時很難找到能幹的執行長，因為網路泡沫正達到高峰，光是尋覓人選就花了七個月——其實這種情況不是那麼罕見，最後甚至連人都找不到的例子比比皆是。冗長的找人過程讓eGreetings裡的人更是疲累，最後公司決定聘請葛登·塔克（Gordon Tucker），儘管列維坦等人有點擔心塔克無法融入公司文化，對他的管理風格有點憂慮，但是列維坦累了，董事會也覺得有急迫性，顧不了那麼多。塔克進入公司後不久，列維坦就被邊緣化，沒多久就離開eGreetings。被自己創立的公司逼迫下台的列維坦，從中學到什麼教訓？他強調，他完全是因為太累了，無法再繼續做下去，無法繼續對周遭一切謀略手腕保持警覺，也無法繼續作戰。

如果你覺得疲倦了或根本就崩潰了，而你的位子權力很大，不如乾脆選擇離開。一定會有別人想奪走你的位子，而精力與警戒心已經不復以往的你，鐵定無法抵抗。

大環境改變，但策略沒跟著變

納德利擔任家得寶居家修繕公司執行長時，他主持股東大會時像個暴君，其他董事缺席，股東也沒有機會提問或表達意見，因為他們的麥克風全被關掉。他大概覺得自己的作法沒什麼特別，畢竟當時皇帝般的執行長當道，不理會股東並不是什麼奇聞。但是，他的行為激起眾怒，最後加上其他種種原因，導致他丟了工作。現在有很多文章在討論「新一代」執行長的領導技巧，包括傾聽、注意各方意見、丟掉過去執行長的傲慢自負作風。對納德利來說，時代已經不同，但是他並沒有察覺，或者就算察覺到了，他還是無法調整自己的作風。

紐約公園處處長摩西斯也沒有調整風格，他掌權將近四十年，直到八十多歲，他才完全了解到大環境在改變。一九五六年，他計劃挪用紐約中央公園一塊不到一英畝的土地，做為綠茵餐廳（Tavern on the Green）的停車場，居住在附近的母親們群起抗議。摩西斯對付這些媽媽們的方法，一如他多年來對付反對他建設計畫的人。他完全不理會母親們的反對，在夜裡逕自把樹砍掉，那些媽媽的抗議並沒有動搖他，卡洛在《權力掮客》裡有詳細記載：

「在摩西斯衡量『民眾抗議』強度的地震儀上，綠茵餐廳的抗議事件微弱到連測都沒測到。三十二個媽媽算什麼？他才剛剛把好幾百個媽媽趕出去，以便興建他橫越布朗克斯區（Bronx）的快速道路。他現在正忙著把五千個媽媽趕走來興建曼哈頓，把四千個媽媽趕走來興建林肯中心。停車場，一個小小的停車場算什麼！」

這起事件中，媒體報導和民眾批評的聲浪都是摩西斯過去從未面臨的，最後他終於退讓，重新恢復原有的遊戲場，放棄停車場的規劃。他一向戰無不勝的名聲就此受到重創，大眾對他的檢視也逐漸升高。他有些密友表示，這起事件過後，儘管他繼續在位十多年，但已經不再像以前一樣能夠事事如他所願。問題出在，強行動用推土機以及恫嚇在一九五〇與六〇年代所代表的意涵已經迥異於一九二〇年代，在一九二〇年代，公園等公共工程的興建剛萌芽，生活環境的改善是迫切所需。

人們（公司也一樣）會落入「能幹的陷阱」，他們之所以成功，是因為他們很能幹，用了某種方式做了某些事。美國汽車公司是靠著生產小箱型車以及後來的休旅車才致富，等到市場轉向小車時，這些公司沒有看出這種轉變，等到他們察覺時，也沒有什麼經驗可以切入這個新市場。奇異電器之所以成功，是因為有多元的財務架構來降低部分風險，因為該公司跨入的產業非常多樣，等到企業集團開始退流行，奇異就被困住了。前史谷脫紙業執行長鄧樂普是因為大力縮編公司而成為英雄，法蘭克・羅藍佐（Frank Lorenzo）是因為力抗工會而在各大商學院受到喝采（他先後任職過東方航空和大陸航空），縮編以及槓上工會都是一時的策略，最後終究會失效，但是鄧樂普和羅藍佐似乎都沒察覺到這一點。企業和領導人有時看不出社會環境的改變，不知道這些改變會導致過去可行的舊方法不再可行，加上權力往往會讓掌權者漸漸喪失對他人的注意力與感受力，所以問題就更雪上加霜。失去警覺心再加上大環境的改變，常常會導致權力喪失。

對權力戀戀不捨

每個人到最後終究還是會失去權力。組織行為學教授索納菲在《英雄道別》一書中提到：「有些人會主動讓位給後繼者，有些人會一直戀棧位子，就算自己早已不行也不放手。」西方石油公司（Occidental Petroleum）執行長兼創辦人阿曼德・哈默（Armand Hammer）給自己訂了一個長期薪酬制度，十年內保證每年都有薪水可拿——到時他已經是九十幾的高齡。

部分領導人會預先準備後續的生涯去向，然後再離開。威爾許離開奇異電器時，已經有好多去處等著他，退下執行長一職後，他變成經營管理議題的專欄評論、作家、演講人。美敦力醫療產品公司（Medtronic）前任執行長比爾．喬治（Bill George），後來轉往哈佛商學院執教，並且以領導為題寫作和演講。

我妻子說得很好：「『在派對結束前就離去』是做得到的，也是比較圓滿的，而且要以『可以讓人懷念』的方式離去。」你不可能永遠大權在握，不過至少可以有尊嚴地離開，留下美名供人懷念。

第四部

踏上你的權力之旅

第12章　大膽地去競逐權力

這本書一直在教你如何鋪設通往權力之路，就算你不想擁有很大的權力，你也要了解如何在幾乎一定會碰到的權力角力中倖存下來，因此，我常被問到一個問題：「就算這類政治角力對我和我的事業有好處，但是對組織有好處嗎？」

乍看之下，組織裡的政治角力會讓人有所疑慮似乎很合理。組織方面的相關研究普遍有個看法：「職場上的『黑暗面』都跟政治角力有關，研究人員認為，政治角力天生就會造成不和、壓力、歧見、表現變差。」經驗法則也證實這種看法。高層的政治角力容易導致工作滿意度降低、士氣低落、忠誠度下滑，甚至造成離職意願增高。

不過，你不必擔心自己的行為會對組織造成影響，有一大堆數據顯示，組織根本就不是那麼在乎你，你又何必在乎呢？

二〇〇九年春天，VentureBeat科技部落格報導，有四位合夥人要離開赫赫有名的創投公司Venrock，其中，在Venrock做了三十年之久、為其他合夥人賺進數十億美元的執行合夥人孫幼新（Tony Sun）要離職，還有大衛・西米諾夫（David Siminoff），他加入Venrock才短短兩年，在數位媒體領域有豐富經驗，曾經擔任Spark Networks的執行長（Spark Networks為全球知名交友服務網站公司），還創辦過4INFO（美國數一數二的行動電話服務公司）。另外也要離開的兩人是艾瑞克・柯普蘭（Eric Copeland），他在公司待了十一年，有深厚的工程背景，也有數位傳播技術方面的經驗；以及瑞奇・摩朗（Rich Moran），他是埃森哲管理顧問公司（Accenture）前任高階經理人，他是以管理顧問的身分協助Venrock改善決策過程和組織動能後，才加入該公司。

雖然「官方說法」是，他們的離職完全出於自願，但其實不然。孫幼新是突然被要求下台，當他想抗拒這項要求時，才發現合力要除掉他的幾位合夥人已運作多時，他們早就告訴投資人這項人事異動，也已經獲得支持。摩朗留任了幾個月，在過度期間擔任執行長角色，但也無預警被掃地出門，我問他，他才剛被延攬進去這家自以為是的公司扮演「大人監督」的角色，怎麼會被趕出來呢？他的回答饒富深意：素行不良的人不希望被人提醒他素行不良，就算提出忠言的人是他自己找來負責改善組織流程的也一樣。

在投資銀行、律師和會計師這類採取合夥人制度的公司裡，這種現象屢見不鮮，總會有人在政變和叛變中被掃地出門，即使是貝萊德資產管理公司（BlackRock）身價數十億的創辦人皮特．皮特森（Pete Peterson）也不能倖免，當年他和路易斯．格魯思曼（Lew Glucksman）互相爭奪權力，最後被迫卸下雷曼兄弟投資銀行的合夥人角色。艾爾登．克勞威爾律師（Eldon Crowell）在眾達國際法律事務所（Jones Day）的權力鬥爭當中敗北之後，帶走公司大部分人馬，自立門戶。知名會計事務所也有很多合夥人突然就被逐出公司。

不景氣時，非自願離職的情況更是常見。研究顯示，資源越稀少的時候，為了爭奪資源，越可能發生政治鬥爭，情況也越激烈，而權力的角力也越頻繁。研究各大學的預算分配時發現，預算吃緊時，各系所取得預算的多寡主要取決於權力的大小。一位創投合夥人告訴我：「資金源源不絕湧進、景氣一片大好時，我比較願意忍受那些很混蛋的合夥人，一旦他們無法賺進大把鈔票，而我們又必須縮減規模時，我的忍耐程度就一路下降了。」二〇〇九年夏天，金融海嘯發威時，一篇文章就列出有哪些合夥人離開了創投業，一年之內拿錢出來投資的人數從八千八百九十二人減少到七千四百九十七人。Venrock的人事震盪也在其他創投公司發生，隨著資金流量減少，股東抱怨績效不佳，創投公司的數量與規模跟著下滑。這中間的教訓很清楚：隨時要小心提防有人在你背後搞鬼，經濟不景氣時更要特別小心、罩子放亮一點，這時是政治動亂和權力運作最可能達到高峰的時候。

你可能會想：「那是高層的鬥爭，跟我有什麼關係？」一旦高層被掃地出門或在權力鬥爭中敗北，他們帶走的錢之龐大，是大多數人可望不可及的，而高層的權力鬥爭非常普遍，幾乎一定會出現。不過，不只高層會出現鬥爭，每個人都可能在出其不意的狀況下丟了工作，即使圓滿達成任務也一樣。

瑞被請到優利電腦公司（Unisys）來強化領導階層，他表現非常好，讓一大堆高階主管願意加入這個備受推崇的訓練計畫，贏得當時的執行長大力讚揚，不過等到這位執行長退休，瑞就面臨裁員或人力精簡的命運（嚴格說來只要裁掉一個人，那就是他）。人力資源部根本就不支持他，這些人其實早就眼紅他一個人居功而且有上達天聽的管道，所以一逮到機會就把他除掉。

這種內鬥與政治角力並非只限於男性或男性主導的組織。在舊金山一家非營利組織，領導人下台，幾位高階主管在同一時間另謀高就之際，一位高階女主管快速採取行動，試圖接掌其他部門與職位，也順便除掉她認為有礙她取得權力的人。

如果組織根本就不在乎你，你又可能因為一場政治角力或高層一時的念頭而丟掉工作，那你幹麼要替組織擔心呢？互惠是雙方面的。這本書並不是要教你背棄承諾，但是不在乎員工死活的公司比比皆是，像是把擬定好的勞退金提撥計畫終止或改變，將退休風險轉移到員工身上，福利縮水；終止給付健保，或是將員工的保費和固定負擔比例大幅提高；另一方面，已經退休的人（一心以為有健保可享）卻發現公司透過破產來擺脫這些責任，或者乾脆直接更改議定條件。過去十幾年，裁員、外包與各種形式的「組織重整」不只越來越多，有時甚至不是為了因應財務吃緊，而是為了提高獲利或只是要仿效其他公司。

勞資關係在過去數十年已經有深遠的改變，不只美國如此，很多國家都是。或多或少，或明示或暗示，雇主和公司領導人都在告訴員工，員工得對自己的職業生涯負責，甚至連健保和退休金也得自己張羅。如果每個人都得為自己的工作自求多福，隨時都可能面臨走人的命運，甚至連被趕走的原因都不知道，因此我認為，大家應該用盡一切方法來確保自己能在組織裡存活下去，而這包括要掌握權力以及影響力的概念和技能。

二十多年前，保羅．賀許（Paul Hirsch，現在是西北大學商學院教授）寫了一本書，書名是《自己準備降落傘》（*Pack Your Own Parachute*），建議經理人對公司少一點忠誠，多一點「自由球員」的思考方式（自由球員是指與某一球隊的合約已滿，恢復自由之身，可以跟其他球隊簽約）。想在現今的職場上存活，經理人必須能見度高、有市場賣點，最重要的是，必須能隨時從一家公司跳到另一家。這種自由球員觀點的經濟模式把自謀生路的優點想得太過美好與不切實際，沒有完全顧慮到：一旦處於可以「隨意」被開除的狀態下，會出現很大的經濟風險與心理風險。

所以，不要擔心你打造權力之路會影響到老闆，你的老闆八成不會在乎你。你的同事或合夥人（如果你的公司是合夥人制度）也不會，他們鐵定只會思考你對他們有何用處，一旦他們可以自己來、你不再有用時，你就會被打發走人了。你只需要好好照顧自己，用盡所有方法來照顧自己。畢竟，這是企業和商場專家多年來一再傳達的訊息，請認真看待。

這是一個權力與階級無所不在的時代

我們有八成都是處在「適者生存」當道的環境裡（這種環境最需要政治手腕），就算想避開組織內的政治角力，我想也不可能。曾經有創業家告訴我，他想創造一個沒有權力鬥爭的公司，但是證據顯示這是不可能的，所以這一章一開頭提出的問題：政治角力對組織有好處嗎？可能根本就問錯方向了，因為政治角力是無所不在的。

出於直覺，我們知道組織內的政治角力難以避免。管理學方面的研究人員傑佛瑞．甘茲（Jeffrey Gandz）和維特．穆瑞（Victor Murray）訪查了四百二十八位服務於各個不同公司的經理人，調查他們對組織內權力競逐的看法。九成三的人表示非常贊同或相當贊同這句話：大多數組織都有政治角力情事；八成九的人贊同這句話：稱職的高階主管一定也是政治高手；超過四分之三的人贊同這句話：在組織內爬得愈高，周遭環境會越來越政治；大約八成五的人認為權大勢大的高階主管的一舉一動都攸關政治。

為什麼權力競逐與政治角力如此常見？原因之一是，在動物的社會中，階級無所不在——就連魚類也有。只要有階級存在，很自然就會想往上爬，不想落居底層，因此所有群居動物都會出現主控權的競賽，人類也不例外。人類社會中，即使沒有正式的組織結構和職稱、資源分配都一視同仁，人跟人互動時還是會出現區別。就算只是從事娛樂性質的社交活動，例如討論一本書或出外郊遊，還是會出現影響力較大的非正式領袖。研究顯示，組織或團體的規模越大，區別的程度就越大，包括階級上的區別，因此大群體（例如工作組織）普遍都有階級存在。雖然各個組織在權力分享上有程度上的差異，而且擔任領導職的人也會隨著時間更替，不過每個組織都會創造出階級，而階級的存在就意味著：高階位子勢必會出現爭奪戰。

很遺憾，所有社會群體都會出現階級，因為正如社會心理學家戴博拉．關菲爾德（Deborah Gruenfeld）告訴我的：「很多人不會處理階級關係。」有些人不滿自己必須聽令上面更有權有勢的人，多多少少會發展出反依賴（counterdependent）和反威權的情緒。有些人則是不喜歡自己握有使喚他人的權力，覺得自己不夠資格掌控他人，這類人不會運用領導權，無法提供方向的指引，容易造成下位者迷失方向、無所適從。

「階級」存在兩個事實，研究也加以證明。事實一：身分地位會從一個環境「進口」或「攜帶」到另一個環境。在大型社會裡決定身分高下的個人特質（例如種族、性別、年紀、教育程度），會「進口」到正式與非正式的環境中，並用來創造階級地位。身分地位（不論這個身分地位是從何而來）往往會普遍化，也就是說，不管到哪個環境，這個身分地位都不會改變。

喬．寇辛（Jon Corzine）可以從高盛投資銀行的領導職跳到美國參議院，再到紐澤西州長，原因是他的個人財富與社會人脈可以一再利用與部署，也因為民眾認為，如果你聰明到足以在一個競爭激烈的領域出人頭地，那麼你在其他領域一定也能勝任，即使是完全不相干的領域。這種現象背後隱含的意思是，你是在哪個組織或領域取得高位並不重要，取得高位才是重點。只要取得高位，隨之而來的名望和權力將會普遍化，適用於各個環境，讓你享有同樣的身分地位。

事實二：人們似乎喜歡有階級存在。社會心理學家蒂登絲和同事做了六個實驗，想看看一般人是不是覺得自己與別人有身分高下之別。結果顯示，如果是工作相關的往來，身分高下之差的意識就會比較強烈，這是因為內心希望取得有助於工作的關係。也就是說，如果是工作上的往來，尤其這份工作的成敗事關重大的話，人們會自動架構出階級差異。從這種行為看來，人們在工作時往往喜歡或預期有階級存在。

紐約大學社會心理學家約翰・賈斯特（John Jost）的研究提供了更明確的證據，證明人們喜歡階級。賈斯特的研究顯示，人們會自動拋棄權力來維持一個穩定的社會階級秩序。透過一連串研究，賈斯特發現，權力較小的人通常會形成一種心態，把自己低人一等的事實給合理化（也把別人較優越的事實給合理化），使得這種不利於自己的階級關係會一直持續下去。所以，相較於名校出身的人，非名校出身的人比較不會努力維持母校的名聲地位，反而會接受自己的母校地位較低，也接受地位較低背後所隱含的事實。

如果階級是群體生活裡的一個既定事實，而且顯然是人們所喜愛，當然就無所不在。只要階級存在，至少就有一定比例的人會希望享受高高在上的好處，因此爭奪權力地位就會是組織內司空見慣的事，再加上這種社會階級秩序是民之所欲，爭權奪利當然就不可能消失。

權力有利於完成任務

我訪談過的人大多認為自己的權力不夠大，都希望能更有效地行使權力。有非常多工作（例如專案經理人或產品經理人）需要他人的合作才能完成任務，卻又沒有獲得正式授權可以下令、獎賞、懲罰。產品經理人要推出新產品時，可能需要工程單位、研究單位或開發單位的協助才能設計出新產品，還要有製造單位幫忙生產出來，以及有銷售部門幫忙配銷到市場上。但是在很多消費產品公司裡，產品經理人對這些重要部門並沒有直接指揮權。同樣地，要落實一套新的資訊系統，例如ERP軟體（企業資源規劃軟體），通常會由IT部門一位專案經理人來領軍，需要營運單位的協助（他們得提供資料，以及使用這套系統），還要有財務單位的合作，但是IT部門的人往往對這兩個單位都沒有直接指揮權。簡單說，事權不一定統一。組織越來越矩陣化，在指揮系統重疊與虛級化的情況下，越來越常採用專案模式的任務來編組，把各個不同專業的人集合起來解決某個問題，加上現在更講求速度，所以執行成效更顯重要。

要在欠缺直接指揮權的情況下完成任務，就得靠權力政治之術，光是有技術方面的能力和知識是不夠的。SAP副總尤瑟夫在跨部門作業這方面非常成功，他擔任內部策略顧問團隊負責人時，以及擔任SAP生態部門主管時，都得進行跨部門作業。談到在欠缺技術背景、一開始完全是個外人的情況下，要如何落實想法，尤瑟夫強調兩件事：第一，一定要達成絕佳的工作品質，因此需要聘請頂尖優秀人才，並有效地領導這些人；第二，搞清楚組織裡的權力脈絡，也就是每個人看事情的角度各是什麼、他們的利益在哪裡、如何產生說服力、如何與人相處並建立有效的私交。

沒有完美的決策方式

還有一個思考方式可以判斷權力運作對組織到底是好是壞：把權力運作跟最常見、也最廣為愛用的階級式決策（依照掌控權大小、紀律和秩序做決策）來做個對比。我們似乎希望社會是個開放市場、有民主制度，但又希望組織內部採取威權模式。有關獨裁執行長如何自肥、不受管束的事蹟罄竹難書，他們甚至權力大到可以壓制異議分子，凡是不支持者，就算是高階經理人，甚至是董事，都會被掃地出門。

在公司裡，爭奪權力、爭取他人支持自己的理念等會牽動權力運作的行為，看似混亂又失序，同樣是競逐權力，國家與組織兩者之間或許有一些值得參考之處。邱吉爾曾經說過：「有人說民主是最糟糕的政府體制，只是所有已經試過的制度都沒有比較好。」人們已經把民主視為不言自明的正道，不會注意其缺失，民主制度有選戰可以左右選民意向，票票等值，並且以政治活動來影響政策，不失為制定社會決策的好方法，但是在企業裡，有民主制度是罕見例子。儘管有很多研究證明，由各路代表人來制定決策的模式會達到比較好的成效，但是過去五十年來，企業內部少有權力下放的現象。「把組織當成一個民主政治體制來治理，這個想法完全偏離經營管理的主流想法。」即使有很多評論家侃侃而談獨裁是邪惡的、集權是愚蠢的、群眾的智慧可以做出較明智的預測，但是權力集中在少數人手裡仍然是組織的主流。

或許如同邱吉爾的話所暗示，民主不只是一種好的政府體制，對企業和非營利組織來說也是能達成較正確決策的模式。這是詹姆斯．索羅維基（James Surowiecki）在他的著作《群眾的智慧》（*The Wisdom of Crowds*）提出的觀點。索羅維基檢視各項證據發現，眾人集體做出的預測不僅較正確（通常是透過簡單的投票來匯集眾人的判斷），也可以更有效地決定該支持哪些產品點子、該採取哪些策略。

組織裡的人常常各有不同的目標，就算目標相同，對於如何達成目標也各有看法。在加州大學舊金山分校錫安山醫療中心裡，並不是每個人都把照顧病患當作第一優先（這所教學型醫療中心非常注重先進的研究），部分行政人員在意的是收支平衡以及醫院的評鑑分數，所以即使很多人原則上認同艾瑟蔓的理念（以病患優先的方法來治療乳癌），但是對於實際落實的優先順序等問題還是有很大的歧見。在企業裡，該降低成本還是提高產品價值？該打進新市場還是撙節成本到有競爭優勢的地步？這些問題往往有非常多不同的意見。

只有兩個方法可以化解難以避免的歧見：一是行使階級威權，就是由老闆拍板定案；另一是透過政治角力體制，也就是由各路人馬競逐權力，由權力最大者來做最後決定。這兩種方式都不完美，不過在迴避市場運作（開放各界競逐權力）之前，請牢記索羅維基的研究結果和邱吉爾首相的睿智名言。

在這一章裡我們得知，「組織裡的政治角力對你有好處嗎？對組織有好處嗎？」這個問題有很多答案。其中一個是：**如果想存活、成功，就得顧好自己，如果連你都不照顧自己了，別人更不可能理你**。第二個答案是：這個問題本身就搞錯方向，根據證據顯示，階級無所不在，而且也是所有人追求的，所以較稀有的高階層必然角逐激烈。此外，要在一個複雜、互相依存的組織裡完成任務，掌握權力和影響力的技能是絕對不可少，這甚至可能是一種有效的決策方式，尤其相較於比較傳統的階級威權決策。換句話說，你得精通與權力相關的知識和技能，才能有效行使權力，這對組織有時會有好處，但對你幾乎是絕對有好處的。

第13章　一切比你想的還容易

運用本書提出的觀念來增加自己的權力，提高自己在組織裡成功的機率，其實一點都不難。我怎麼知道？有很多人告訴我，這本書裡的概念很有用，有一個人就這麼寫道：

「我只是想寫封信來和你問好，我隨時都在使用Paths to Power所教的內容（Paths to Power是本書作者在史丹佛大學開設的選修課）。現在我更有策略，也更注意能見度和自己的定位，尤其我服務的公司是一家有點官僚的大企業。舉個例子，最近我的頂頭上司位子出缺（我的主管職務異動，因此主管職就空出來），所以我算是接任了這個職務，於是我就順勢要求參加高階主管會議。」

這封信裡提到的情況完全平凡無奇，也就是說，權力競逐一點都不戲劇化。這位年輕女子只不過是抓住眼前的機會，順勢填補主管的角色，然後善用這個情勢來讓高層看到自己、與他們建立關係。打造權力不一定非得要有了不起的行動或絕頂聰明，而是如同喜劇演員兼導演伍迪・艾倫（Woody Allen）所言：「八〇%的成功是自我表現。」

那些英雄般、近乎超人的領導人（常出現在自傳和領導人訓練課程裡）有個問題：他們的故事通常是有所保留的，或者不盡然完全是事實。管理作家大衛・布瑞佛（David Bradford）曾說現在是「後英雄」時代，但這不完全準確。布瑞佛認為，合作、委任、團隊工作對組織和員工比較好。

以組織領導為主題的書籍所堆砌出來的神話與高度期待，有個很大的問題，讀者很容易會產生疑問：「這些我都做得到嗎？這是我嗎？我有可能變成這樣嗎？」然而，如果你照著我提出的觀點去做，不管你在什麼組織擔任什麼角色，一定可以受惠。

有些人覺得自己不會或不喜歡玩權力遊戲，但是不試試看怎麼知道呢？有一位年輕女子決定利用一個風險很低的機會（就是失敗了也無所謂），來試試這些觀點，看她能否因此接管一個學生會。學校歡迎新生入學時，這個學生會要負責籌辦週末活動，她先擬出幾個衡量成敗的指標（有多少比例的訊息溝通是透過她，決策結果能不能如她所望），然後開始進行這項實驗。結果她發現自己很喜歡取得權力，而且出乎自己的預料，她爭取權力的作為並沒有造成其他成員的不滿，他們很樂於卸下工作和責任。她的努力獲得很多認可和讚揚，最重要的是，她發現自己真的很喜歡權力這玩意兒。有點像品嚐沒吃過的食物，除非試試看並且做到有點熟練（人往往喜歡做拿手的事），否則不可能知道自己喜不喜歡。只要你開始投入一些跟獲取權力有關的事，那些事就會成為你的身分印記以及才能。還沒嘗試之前，千萬別輕言說不。

挑選適合自己的環境

一定要根據天分和興趣來尋找適合自己的工作。有些工作需要較多政治手腕，專案經理和產品經理就是，這些工作背負很大的職責，卻沒有正式的指揮權，但又急需別人的合作協助才能成事。高階主管的助理也屬於這類，能見度很高，有完事的壓力，同樣沒有直接的權力可以獎勵合作者、懲罰反對者。權力技巧是可以培養的，但個人好惡是很難改變的。沒錯，你的確可以進化、改變，就像那位接掌學生會的年輕女子一樣，但程度有限，我猜想她其實原本就對權力有天分和興趣，只是從來沒有機會好好開發罷了。因此，打造權力之路的第一步是：挑選一個適合你天分與興趣的環境，一個能讓你在技術與政治層面都成功的環境。

這似乎是不用說也知道的建議，不過很少人照做。尋找適合的行業需要三個步驟。第一，**你必須毫無保留地說出自己的強項、弱項和喜好**（由於前面提過的自我感覺良好會作祟，大多數人對自己往往不夠客觀）。第二，**不要盲從，不要只因為別人都這麼做你就跟著做**。自古以來社會心理學的研究就不斷提出，社會上有很強烈的從眾壓力（Conformity Pressures）。訊息式社會影響（Informational Social Influence）的壓力同樣很大，也就是說，如果別人都在做某件事，那件事想必就是對的、明智的，如果反其道而行就是違逆眾人集體的智慧。所以，如果大家都從事金融業，你就跟著進入那一行；如果大家都出國去，你就努力想辦法到國外落腳；如果高科技很酷，你就跟著做。但是，這種從眾的行為會阻礙你從事真正適合自己的行業。

第三，**要客觀評估工作的風險與機會**。我們往往只會看到自己想看到的，如果只因為薪水或頭銜而對某一份工作躍躍欲試，很可能就會流於自欺欺人或刻意忽略這份工作的其他面向（例如可能需要較多手段或棘手程度是自己不喜歡的）。哈佛商學院教授約翰·科特（John Kotter）告訴過我，他覺得很多人最大的成功障礙並不是欠缺才能或動機，而是待錯地方，也就是說，他們的工作所需要的權力並不符合他們個人的天分和興趣。雖然我沒聽過有正式的研究證實這項假說，不過我親身的經驗以及很多對職業生涯有深入觀察的人都能證明，此話不假。

我們只會看到自己想看到的，所以往往對政治風險的評估不夠精確，因而為後果所苦。幾年前有位商學研究所畢業的女性告訴我，她接受了一份職位，要擔任東岸一所知名大學即將上任校長的助理。將近二十年來，該大學的校長一直是個強悍、能見度很高、備受爭議的領導人，董事會認為該換人做做看。這位即將卸任的校長會繼續擔任董事，而且由於新校長要等到秋天新學年開始才走馬上任，所以在此之前還是由原任校長發號施令。我問她：在這樣的政治風險之下接任這份工作，是明智之舉嗎？要是新校長被前任校長暗中搞破壞怎麼辦？

結果比我預期還要糟糕，新校長根本連上任的機會都沒有。那位要卸任的校長利用他在董事會的領導地位，以及他對高階行政人員的統御權，在繼任者上位前就開始搞破壞。對於原定要接任的校長來說，沒什麼大不了，因為他已經拿到原先講好的配套「好康」，而且有響亮名聲可以快速找到其他落腳處，但是對於原本要接任他助理的人來說，情況就不太妙了，不僅沒有好處可拿，還得大費周章努力找新工作。評估工作上的政治風險時，千萬要務實一點，不只要考慮自己切身的風險，跟你相關人等的風險也得一併考慮進去。

別放棄自己的權力

除了必須尋找適合自己且風險不高的工作之外，還得「為所應為」，最重要的是，**必須抓住權力，不可平白放棄自己的權力**。我非常訝異很多人會自動放棄權力，在權力地位爭奪戰中未戰先降。這通常起因於你對自己的觀感。如果你自認很有權勢，行為舉止就會投射出權力，別人也會如此看你。如果你自認無權無勢，行為舉止就會流露出不斷想尋求自我肯定。

社會心理學家卡麥隆．安德森（Cameron Anderson）和珍妮佛．波達爾（Jennifer Berdahl）研究過很多文獻資料，顯示權力較小或不覺得自己有權力的人，往往會出現「非言語上的壓抑舉動」，例如不抬頭挺胸，身體瑟縮，也少用強有力和戲劇化的手勢。第七章「言談舉止有權威」提到，伸張自己權力的方式之一是透過言談舉止。縮頭縮尾、行為舉止軟弱無力，會讓人認為你沒有權力，就不會把你當成有權力的人來看待，然後你就更加瑟縮無力，如此便落入一個惡性循環。

安德森和波達爾的實驗顯示，較具支配地位或掌控資源者，比較可能表達出自己真正的意向，並且把各種機遇視為獎勵。沒有支配地位或沒有掌控資源的人，容易把機遇視為威脅，而非機會，也容易隱藏自己真正的意向。

人還會透過別的方法來放棄自己的權力，他們非但不會巧妙地應對老闆之類的上位者，反而會大剌剌地表達自己的真實感受。一位非常優秀的記者告訴我，他會向直屬上司直接表達不滿，認為上司只會經營跟上層的關係，而不提供他和同事需要的第一線採訪協助。但是結果是，他只獲得惡評，權力更縮小。他說得對：「不是跟上司好好相處，就是另謀高就。在圈子很小的行業裡，有時候就連另謀高就也不是好方法，徹底解決眼前的問題才是最佳辦法。」一直接發洩心裡的怒氣、指著別人破口大罵等，表達自己內心真正的感受或許很爽快，不過如果你針對的對象是有權力的人，你的爽快會稍縱即逝，因為苦果馬上就會隨之而來。

有時候人會認為眼前出現的機遇超乎他們的掌控，因而放棄權力，扮演受害者的角色。當個受害者可以讓你跟其他受害者站在同一陣線，也讓你有個冠冕堂皇的藉口可以逃避，但不會讓你獲得什麼權力或認同。

梅琳達在面試兩個應徵者時個別問他們：「一樣都是同事，你跟某些人較容易共事，跟有些人較不容易共事，為什麼有這種差別？」其中一位回答，跟自己合作愉快的人都是容易與人共事的人，而合作不愉快者都是一些情緒化、難以共事的人。梅琳達說：「那位應徵者只是把問題歸咎於他人，把問題當作是自己束手無策的事情。**如果我們不斷告訴自己，問題出在別人身上，那我們只是在替自己的不成功找理由；但是如果把重點放在我們能做些什**

麼，就是在往成功的路上邁進。」梅琳達有如此深入的洞察，難怪她有非常成功的事業。她的智慧不只適用於求職者，也適用於組織各種情況。

人還會以「不作為」來放棄權力。不嘗試就不會失敗，這可以保住自尊，但是肯定會在權力地位爭奪戰中敗北。有時候人們不想「玩權力遊戲」，或認為自己不擅長，或不想仿效具政治手腕的成功人士作法。我非常相信，我們是自己權力之路的最大障礙，因為我們不願投入足夠的努力來壯大自己。只有不再認為自己是無權無勢的受害者，不再迴避任何可以獲取權力的作為，成功機率才會大幅攀升。羅斯福總統夫人愛蓮娜（Eleanor Roosevelt）說過：「沒有你的同意，別人是無法讓你覺得矮人一截的。」如果不是你自己也默許，別人是很難奪走你的權力的。

顧好自己，別期待公平正義

幾年前，鮑伯（一家由創投資助的人力資源軟體公司執行長）邀請我擔任董事，當時該公司正要開始轉型成為一個新的產品平台，希望提高成長率和利潤。我加入董事會後不久，在提升管理階層人力的氛圍中，鮑伯聘請了一位財務長——克里斯。克里斯是個野心勃勃、賣力、口才辨給的人，對公司以及自己有遠大的藍圖規劃。克里斯要求鮑伯讓他擔任營運長，鮑伯答應了，克里斯要求加入董事會，鮑伯也答應。我可以預見接下來會發生什麼事，於是我打電話給鮑伯告訴他：「克里斯在肖想你的位子。」鮑伯的回答是，他只在乎何者對公司最有利，不會沉淪於政治算計，而且他覺得董事會很清楚他的能力和正直，一定會做出正確的決定。

故事最後的結局可想而知：鮑伯打包走人，克里斯接任執行長。有趣的是，董事會開會討論這項人事異動時的景象，雖然董事們大多認為克里斯的行為有欠妥當，對公司也有害，卻沒什麼人支持鮑伯。如果鮑伯自己都不挺身對抗，沒有人會代他挺身。如果跟著別人一起處決自己，是不會獲得太多同情或支援的。

「顧好自己」這句話代表你可能必須稍微自私一點。一個服務於非營利組織的女性非常重視團隊合作，就是因為太過重視合作，她無法好好掌握獲取權力的機會，她說：

「執行董事要我找時間跟她討論策略規劃的細節，我知道如果我獨自去跟她開會，我會是整個計畫主要的主導人，同事只會是從旁協助的角色。我內心在交戰，不知道是否該自己一人赴會、不找其他同事，儘管內心有個聲音說這樣無妨，但我還是無法這麼做。從這件事可看出，我在爭取權力方面根本就是個殘障人士。」

有人會說，她的同事會像她如此瞻前顧後嗎？別忘了，在有階級的環境裡，同事一定會跟你互相競爭升遷機會和權力地位。

世界不是永遠公平的，你不應該指望光憑自己的優秀就能勝出，更何況，人往往會去和有獲勝希望的人結盟，如果你不為自己挺身而出，不積極獲取自己的利益，別人是不會站在你這邊的，因為旁觀者會認為你並不想求勝，認為你必敗無疑，他們不是加入你就是遺棄你。因此，自我推銷或為自己的利益拚搏雖然不是很好看，但如果不這麼做的話，後果會更難看。

注意小事就擁有打造權力的優勢

這本書從頭到尾都可看出，小事往往才是關鍵所在。企業有時會過度重視大方向的策略，忽略執行上平凡無奇的小細節；同理，個人也常會忽略一些小步驟，這些小步驟不僅可以提供重大資源的掌控權、能見度，還是建立重要人脈的大好機會。只要注意這些小地方，就擁有打造權力的優勢。

麥特進入一家知名顧問公司時，只是眾多優秀新人當中的一個，如何才能鶴立雞群、建立名聲呢？當新人進入這家公司時，合夥人必須認識這些新人，以便知道可以分派什麼任務給他們，而新人必須認識合夥人以及公司有哪些專案在進行，以往都是透過非正式管道（例如吃飯和研討會），把大家聚集起來互相認識。麥特詢問執行合夥人，能不能讓他規劃一個可長可久的方法，方便大家互相認識和分派任務，也讓新人更容易融入公司，他得到的答案是：「當然好。」於是，麥特必須逐一訪問合夥人來探知他們的經歷與興趣，另一方面還必須一一訪問新人，了解他們的專長與才能。等到全部人員都訪談完畢之後，麥特已經認識所有人，也和公司的人建立起較深厚的情誼。

這件事會讓麥特日後當上公司合夥人嗎？如果光憑這件事是不太可能，不過如果再加上努力工作、做出成績，對麥特的名聲和能見度肯定大有助益，而且這些人脈還可以進一步深化、維繫，讓他獲得更大的影響力。

你有責任改變自己的處境

希望我已經說服你相信，**組織裡的權力和政治運作是無所不在的**，不只特定行業、民間企業或在美國如此，組織裡的政治角力處處可見，這或許是你不樂見，但事實就是如此。而且從人類心理來看，權力與政治是不可能從組織消失的。

只要學會這些原理和規則，並且願意身體力行，不僅可以在組織裡存活，還可以成功。這就是本書的重點：讓你接觸打造權力之路的觀念、相關研究以及眾多案例。

所以，**不要抱怨人生不公平，也不要抱怨你的組織文化不健全，更不要抱怨你的老闆是個大混蛋，你有責任也有潛力可以改變自己的處境。不要再枯等情況好轉，或眼睜睜看著別人取得權力，要不要替自己找個（或創造一個）更好的棲身之所、或打造自己的權力之路，完全取決於你自己**。套一句廣播名人尼斯克（Scoop Nisker）說過的話：「如果不喜歡這些新聞，就自己去製造。」

如果懷疑如此大費周章追逐權力值得嗎？就想想我在前言提過的一項研究：權力與疾病、壽命之間的關聯。馬默特教授研究了一萬八千名英國公務員（這些人全都在同一個社會裡從事白領工作），發現階級低的人死於心臟病的機率是階級高者的四倍。就算都沒有抽菸或肥胖等問題，或是父母的壽命也大致相同，這樣的差距仍然未變。馬默特的結論是：「從成年生活的社會地位就可預知健康情況。」

所以，把權力當成是生命不可或缺的一部分，努力去追求吧！權力的的確確是生命之所繫。

權力（二版）：史丹佛大師的經典課

Power：Why Some People Have It and Others Don't

作　　者　傑夫瑞・菲佛（Jeffrey Pfeffer）
譯　　者　林錦慧
責任編輯　夏于翔
協力編輯　陳婉婷
內頁構成　李秀菊
封面美術　Poulenc

發 行 人　蘇拾平
總 編 輯　蘇拾平
副總編輯　王辰元
資深主編　夏于翔
主　　編　李明瑾
業　　務　王綬晨、邱紹溢
行　　銷　曾曉玲
出　　版　日出出版
　　　　　地址：10544台北市松山區復興北路333號11樓之4
　　　　　電話：02-2718-2001　傳真：02-2718-1258
　　　　　網址：www.sunrisepress.com.tw
　　　　　E-mail信箱：sunrisepress@andbooks.com.tw

發　　行　大雁文化事業股份有限公司
　　　　　地址：10544台北市松山區復興北路333號11樓之4
　　　　　電話：02-2718-2001　傳真：02-2718-1258
　　　　　讀者服務信箱：andbooks@andbooks.com.tw
　　　　　劃撥帳號：19983379　戶名：大雁文化事業股份有限公司

印　　刷　中原造像股份有限公司
初版一刷　2021年2月
二版一刷　2022年11月
定　　價　430元
I S B N　978-626-7044-87-2

國家圖書館出版品預行編目（CIP）資料

權力：史丹佛大師的經典課／傑夫瑞・菲佛（Jeffrey Pfeffer）著；林錦慧譯. -- 二版. -- 臺北市：日出出版：大雁文化事業股份有限公司發行, 2022.11
288面；15×21公分
譯自：Power : why some people have it and others don't
ISBN 978-626-7044-87-2（平裝）

1. CST: 職場成功法　2. CST: 權力

494.35　　111017131